U0178029

山东巨龙建工集团
SHANDONG JULONG CONSTRUCTION GROUP

建筑工程
施工与监理常识

王学全 著

中国建筑工业出版社

前　言

　　建筑是满足人们居住、生活、学习、娱乐和生产等社会活动需求的人工创造的空间环境，主要包括建筑物和构筑物。

　　建筑起源于原始社会人类为了生存而用石块、树枝、泥土构筑巢穴的活动，随着人类的进化、社会的进步和生产力的发展，建筑早已超出了简单居住的范畴，类型日益丰富，功能扩展到社会生活的各个领域。从本质上讲建筑是另一种形式的空间环境，是人们通过劳动创造的物质财富，具有实用性，属于物质产品；同时建筑在发展的过程中又具有了艺术性，它反映了特定历史时期的思想意识和精神文化，也是一种精神的外衍和产品。因此，建筑又被称为艺术之母，是凝固的音乐，是城市的重要标志。

　　建筑与人们的生存、生活、安全、环境、文化、精神等一系列活动密切相关、和谐统一、巧妙相处，共生、共存、共荣。

　　纵观建筑演进发展史，无论处于哪一个发展时期，建筑的科学性与合理性，建筑技术与施工技术的规范性，工匠精神与工匠操守的严谨性，以及工程质量的安全性等都要以建筑技术知识与施工常识为基本支撑；都离不开从业人员对建筑知识的普及与提高。

　　我从事建筑行业45载，专业始终未变，长期实战在工地一线，项目工地就是我的工作场所，重点项目吃住在工地，经常与基层管理者和建筑工人现场交流切磋施工技术、规范规程要领和施工方法。遇有复杂施工节点，组织专家和施工技术人员现场办公研究，创新改进施工工法。持续的实战与坚持，对建筑文化和施工技术让我从不懂到懂，从外行到内行，由热爱至痴迷，直至忘我境地。对建筑施工与工程监理过程产生了浓厚的兴趣和深刻体会，更加有了亲近感，基于能诵易记的形象思维原理，在前人知识基础上，结合规范规程指导要领，将多年来的实战经验积累汇编成集，以通俗歌谣的形式，配以图片表格，图文并茂地对建筑施工与监理常识进行简明扼要、通俗易懂的阐述，使广大读者易读、易懂、易记、易用。对工作在建筑一线的基层管理者和匠艺师傅而言，本书将是一本朗朗上口的建筑常识速记手册。

本书分为建筑工程施工常识篇与建筑工程监理常识篇两部分，其中第一章至第十二章为建筑工程施工常识篇；第十三章至第三十七章为建筑工程监理常识篇。本书出版后，除正常发行外，山东巨龙建工集团会以公益形式捐赠给中小学书屋书架文化馆、图书馆及部分建筑行业基层管理者。

该书在编写过程中，李俊和老师提供了部分施工与监理过程的文字初稿，张生太、范胜东二位老师及张洪贵、王成军、张传金、王伯涛、王成波等同事做了大量工作，在此一并表示感谢。

随着建筑施工技术规范规程和工法的不断进化，此书有些内容难免有时过境迁之遗，不当错讹之处在所难免。请读者谅解指正。

引 言

人生天地间，
衣食最为先。
饱暖满足后，
安居排在前。
要想居住好，
建筑乃关键。
科学来统揽，
少把路走弯。
房屋类别多，
用途宽广泛。
经济且实用，

坚固又美观。
技术规范定，
工法规程编。
匠艺严操守，
切莫盲目干。
猿人洞穴居，
变迁至今天。
人居演进史，
文化含大千。
若要知一二，
常识数一番。

目 录

第一篇　建筑工程施工常识

第二篇　建筑工程监理常识

第一篇

建筑工程施工常识

第一章　房屋类型

房屋建筑分类型，六种分法见分明：

类型若按用途分，工业建筑和民用；

类型若按层数分，单层多层和高层；

类型若按结构分，砌体木混钢与砼；

类型若按承重分，空间框架墙承重；

类型若按耐久分，四大类型年限定；

百年以上属永久，五年以下临时性。

类型若按耐火分，一至四级定分明。

房屋设计看类型，不废材料不减工。

图1.1　工业建筑鸟瞰效果图

图1.2　多层建筑效果图

图1.3　高层建筑效果图

图1.4　剪力墙结构建筑

图1.5　钢结构建筑

第二章　房屋组成

房屋建筑六大部，施工顺序数一数；

基础工程先施工，主体工程接序筑；

干完主体做屋面，预防风雪抗风险；

做完地面粉刷墙，门窗立框提前安；

装饰装修互穿插，功能配套水电暖；

预埋管件要及时，免得日后添麻烦。

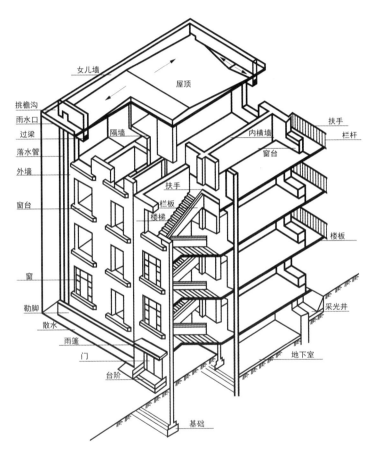

女儿墙
屋顶
挑檐沟
雨水口
过梁
隔墙
内横墙
扶手
栏杆
落水管
窗台
外墙
扶手
窗台
栏板
楼梯
窗
楼板
勒脚
散水
采光井
雨蓬
门
台阶
地下室
基础

图 2.1　房屋结构组成图

甲物体与乙物体，相互作用产生力。

甲施于乙乙承受，缺少一个不成力。

物体于力作用下，产生内外两效应。

外效应如铁球滚，钢筋弯曲内效应。

两种作用别混淆，分别应用效果明。

大小方向作用点，三个要素组成力。

要定三值须测算，情况复杂细分析。

第三章　建筑力学基础知识

曾用公斤吨，通用改牛顿。

一即九点八，换算不能混。

两个物体间，作用反作用。

平行四边形，分解与合成。

一个物体上，两个力平衡。

已知力系中，计算力平衡。

静力学原理，根本要弄通。

第三章 建筑力学基础知识

荷载词抽象，俗说称重量。

作用结构上，种类有多样。

恒载有自重，固定设备常。

活载人雪风，机械力振荡。

第三章　建筑力学基础知识

地震力难测，也得预计上。

要想房安全，荷载计算详。

不是设计员，常识心里装。

施工也有数，安全好掂量。

第四章　房屋基础识图

要建房屋先识图，照着图纸把工铺。

图形符号真不少，基本元素是线条。

实线虚线点划线，细线粗线中宽线，

折断线与波浪线，还有特殊符号线。

尺寸界线尺寸线，尺寸数字起止线。

各线适用有范围，明白用途才入门。

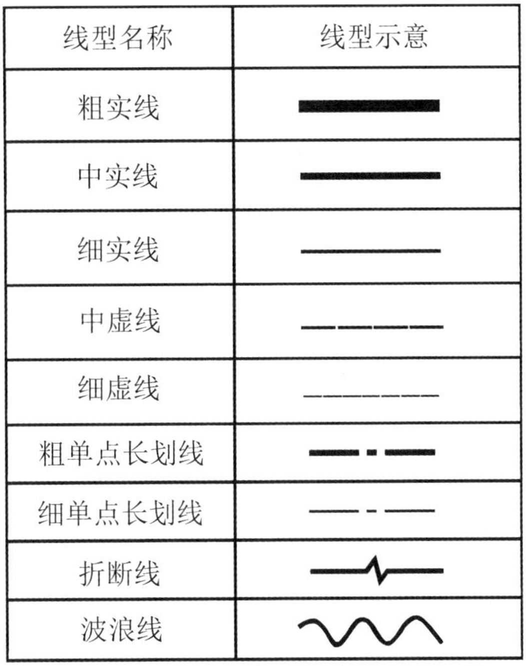

线型名称	线型示意
粗实线	——————
中实线	——————
细实线	——————
中虚线	— — — —
细虚线	— — — —
粗单点长划线	— ▬ ▬ ▬
细单点长划线	— · — ·
折断线	—⋀—
波浪线	∿∿∿

图 4.1　线型名称及示意

第四章 房屋基础识图

实物大来图纸小，比例大小要看好。

尺寸标注很重要，不然施工无参照。

竖向标高单位米，其他数用毫米标。

半径直径和角度，各种数字都记好。

建筑图形图例多，图例好比零部件。

各种图例组合好，房屋式样现脑间。

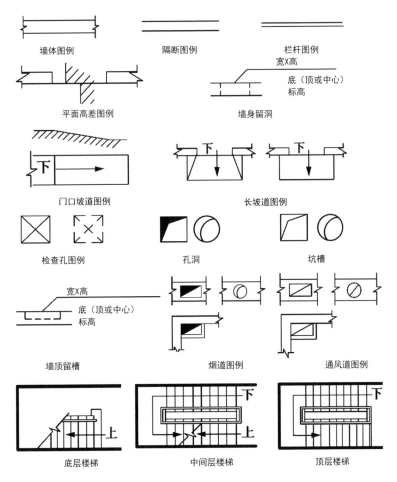

图 4.2　建筑图形图例

总平面图十几例，常用几例说一遍。
线框内角划几点，表示几层要新建；
计划扩建建筑物，矩形封闭虚细线；
准备拆除建筑物，叉号打在框两边；
封闭曲线是等高，河流则是波浪线；
道路桥梁啥图形，折线夹着点画线。
要问风向怎样标，玫瑰图上看一看。

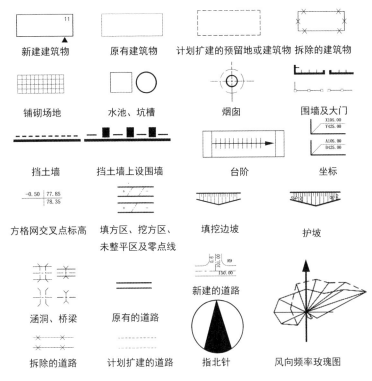

图 4.3　常用总平面图图例

新建建筑物　　　原有建筑物　　　计划扩建的预留地或建筑物　拆除的建筑物

铺砌场地　　　水池、坑槽　　　烟囱　　　围墙及大门

挡土墙　　　挡土墙上设围墙　　　台阶　　　坐标

方格网交叉点标高　　填方区、挖方区、未整平区及零点线　　填挖边坡　　护坡

涵洞、桥梁　　　原有的道路　　　新建的道路　　　

拆除的道路　　　计划扩建的道路　　　指北针　　　风向频率玫瑰图

第四章　房屋基础识图

常用建筑图例多，难用文字表达全。

基本特点是物形，形象思维就好办。

一个物体三主图，平立剖面分视线。

物多词繁难写全，举个例子看一看：

平面图上门半开，立面图上式样显，

剖面图上画门框，三图组合形状现。

举一反三皆类似，看懂百例也不难。

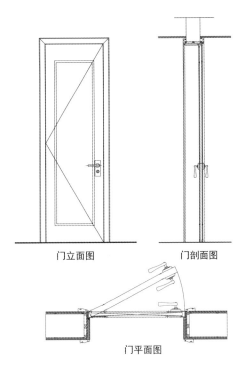

门立面图   门剖面图

门平面图

图 4.4 室内门平立剖图

建筑图形怎形成，
根据平面正投影。
一个物体三面看，
形状才能表达清。
物体组成点线面，
投影规律记心间：
点的投影仍是点，
不论它在哪图见；

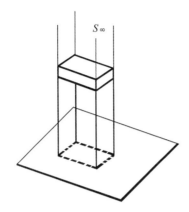

图 4.5　平面正面投影图

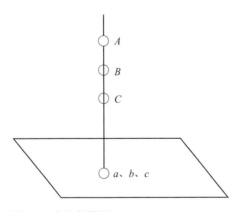

图 4.6　点的投影图

直线投影较复杂，长度随着角度变；
直线垂直投影面，不论长短成一点；
直线平行投影面，原来长度没有变；
直线倾斜投影面，仍是直线却变短；
平面投影最复杂，两方角度都关联；
平面垂直投影面，变为原长一直线；
平面平行投影面，形状大小没有变；
一边倾斜投影面，变为短窄一平面；
如果两边都倾斜，不规则形一平面。

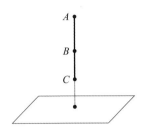

图 4.7 直线垂直于投影面图

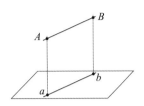

图 4.8 直线平行于投影面图

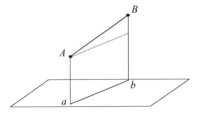

图 4.9 直线倾斜于投影面图

图 4.10 平面倾斜投影图

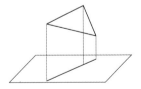

图 4.11 平面垂直投影图

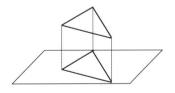

图 4.12 平面平行投影图

物体体积长高宽，

三个数字不一般。

三面投影成一体，

长对长来宽对宽。

正侧剖面一般高，

正面平面长一般。

平面侧面剖切面，

互相对应一样宽。

三个尺寸对上号，

立体形状现脑间。

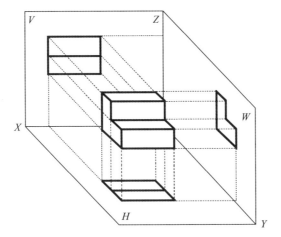

图 4.13　三面正投影图

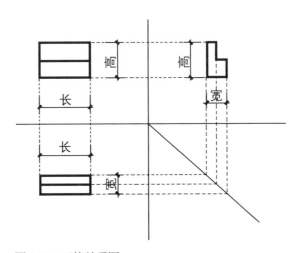

图 4.14　三等关系图

建筑图上封闭线，

定是物体上的面。

正面图上一横线，

平面图上去找面。

正面图上一竖线，

侧面图上去找面。

这个图上有斜线，

那个图上找斜面。

斜面因为有坡度，

必须两图才看全。

台阶平面示意

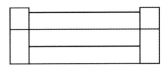

台阶正立面示意

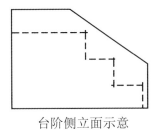

台阶侧立面示意

图 4.15 台阶平立侧图

第四章　房屋基础识图

一个物体有棱角，图上一定划条线。

最最简单是圆球，三个图上都是圈。

各种面形全看到，一个物体算看全。

最难理解是曲面，配上详图才能看。

图形原理弄得通，再看图时心里明。

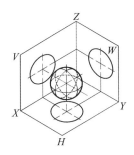 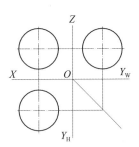

图 4.16　圆球立体图、投影图

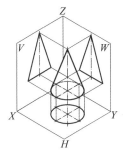 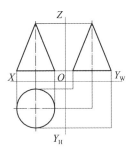

图 4.17　圆锥立体图、投影图

第五章　建筑构件代号

建筑构件符号代，死记硬背忘得快。

六架八梁十二板，三撑二基一阳台。

檩条楼梯桩与柱，雨篷画在墙体外。

主要构件几十种，代表符号记心怀。

汉语拼音首字母，拼念理解记得快。

序号	名称	代号	序号	名称	代号	序号	名称	代号
1	板	B	19	圈梁	QL	37	承台	CT
2	屋面板	WB	20	过梁	GL	38	设备基础	SJ
3	空心板	KB	21	连系梁	LL	39	桩	ZH
4	槽行板	CB	22	基础梁	JL	40	挡土墙	DQ
5	拆板	ZB	23	楼梯梁	TL	41	地沟	DG
6	密肋板	MB	24	框架梁	KL	42	柱间支撑	ZC
7	楼梯板	TB	25	框支梁	KZL	43	垂直支撑	CC
8	盖板或沟盖板	GB	26	屋面框架梁	WKL	44	水平支撑	SC
9	挡雨板或檐口板	YB	27	檩条	LT	45	梯	T
10	吊车安全走道板	DB	28	屋架	WJ	46	雨篷	YP
11	墙板	QB	29	托架	TJ	47	阳台	YT
12	天沟板	TGB	30	天窗架	CJ	48	梁垫	LD
13	梁	L	31	框架	KJ	49	预埋件	M
14	屋面梁	WL	32	刚架	GJ	50	天窗端壁	TD
15	吊车梁	DL	33	支架	ZJ	51	钢筋网	W
16	单轨吊	DDL	34	柱	Z	52	钢筋骨架	G
17	轨道连接	DGL	35	框架柱	KZ	53	基础	J
18	车挡	CD	36	构造柱	GZ	54	暗柱	AZ

图 5.1　常用 54 种构件代号

第六章 建筑施工图

一、图纸目录

施工图纸分几种，内容作用各不同。

建筑结构和设备，各有各的细内容。

先看建施和结施，再看详图各样通。

每套蓝图第一张，图纸目录说明详。

张张图纸列内容，套用图纸在哪张。

先将此图细过目，建筑概况心里装。

建设单位						工程编号		
工程名称						专 业	建筑	
序号	图 号	图 纸 名 称	规格	序号	图 号	图 纸 名 称		规格
		图纸目录	A4	21	建施-11	1-1 剖面图		A1
1	建总-01	总平面图	A0	22	建施-12	楼梯详图一		A1
2	建总-02	竖向设计图	A0	23	建施-13	楼梯详图二		A1
3	建总-03	建 筑 设 计 说 明 （一）	A1	24	建施-14	楼梯详图三		A1
4	建总-04	建 筑 设 计 说 明 （二）	A1	25	建施-15	楼梯详图四 门窗表 门窗详图		A1
5	建总-05	建 筑 设 计 说 明 （三）	A1	26	建施-16	户型详图一		A1
6	建总-06	建筑面层做法表一	A1	27	建施-17	户型详图二		A1
		建筑面层做法表二		28	建施-18	墙身详图一		A1
7	建总-07	建筑面层做法表三	A1	29	建施-19	墙身详图二		A1
8	绿建-01	绿色建筑设计专篇（一）	A1	30	建通-1	节点详图一		A1
9	绿建-02	绿色建筑设计专篇（二）	A1	31	建通-2	节点详图二		A1
10	绿建-03	绿色建筑设计专篇（三）	A1					
11	建节-01	居住建筑节能设计专篇	A1					
12	建施-01	地下一层储藏平面图	A1					
13	建施-02	地下二层储藏平面图 一层平面图	A1					
14	建施-03	二层平面图 三层平面图	A1					
15	建施-04	四层平面图 五层平面图	A1					
		六层平面图				本工程使用的标准图集（印刷本）		
16	建施-05	七层至十七层平面图	A1	序号		名 称		
		十八层平面图		1	L13J1	建筑工程做法		省标
17	建施-06	机房层平面图	A1	2	L13J5-1	平 屋 面		省标
		屋顶平面图		3	L13J12	无障碍设施		省标
18	建施-07	南立面图	A1	4	L13J14	建筑变形缝		省标
	建施-08	北立面图	A1	5	L13J2	地下工程防水		省标
19	建施-09	东立面图	A1	6	L13J8	楼 梯		省标
20	建施-10	西立面图		7	L13J9-1	室外工程		省标

图 6.1 图纸目录示意图

第六章　建筑施工图

二、总平面图

总平面图第二张，整体布局标得详。

规划红线不能越，坐标系统好测量。

相对标高对绝对，玫瑰图上看风向。

总平面图比例小，特殊图例画一旁。

道路管网如何设，地形地貌啥模样。

原建新建和扩建，总体规划是怎样。

各种关联心有数，全局施工有保障。

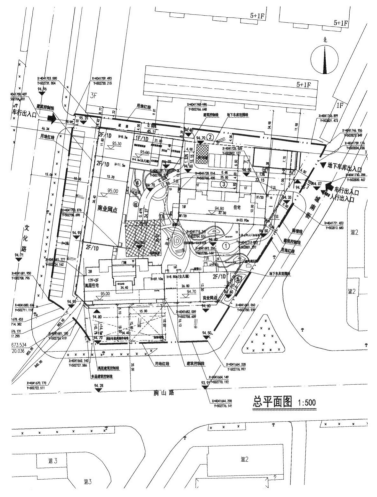

图 6.2 总平面图示意图

第六章　建筑施工图

三、设计总说明

建筑设计有依据，
设计依据有根本。
意见方案和条件，
国家法律是基限。
工程概况要弄清，
设计说明有方案。

建筑设计说明（一）

1、设计依据

1.1 城乡规划部门批准并准予开工确认的方案设计图纸。

1.2 建设单位提供的有关本工程施工图设计的资料文件及设计设计要求。

1.3 现行的国家有关建筑设计规范、规程和规定及地方有关规定

1)《民用建筑设计通则》 GB50352-2005	12)《门窗工程质量验收规范》 GB50208-2011
2)《建筑设计防火规范》 GB 50016-2014（2018年版）	13)《加气混凝土应用技术规程》 JGJ113-2015
3)《住宅设计规范》 GB 50096-2011	14)《建筑外门窗气密、水密、抗风压性分级及检测方法》GB/T7106-2008
4)《住宅建筑规范》 GB 50368-2005	15)《民用建筑外墙工程技术规范》DB37/T5016-2014
5)《住宅设计规范》 DB 37/5026-2014	16)《风屋面工程技术规程及相关配套标准规程》GB50325-2010
6)《严寒和寒冷地区居住建筑节能设计标准》 JGJ 26-2010	17)《工程建设标准强制性条文》房屋建筑部分 2013年版
7)《屋面工程技术规范》 GB50345-2012	18)《住宅室内防水工程技术规范》JGJ 298-2013
8)《外墙外保温应用技术规程》DBJ/T 14-035-2007	
9)《无障碍设计规范》 GB 50763-2012	
10)《地下工程防水技术规范》GB50108-2008	
11)《建筑内部装修设计防火规范》GB 50222-2017	

2、工程概况

2.1 工程名称：

2.2 建设地点：

2.3 建设单位：

2.4 本次设计的主要建筑的容积计为18栋单体楼座及地下车库，具体设计的内容详见单体施工。（需专业厂家设计的部分：钢结构的工艺设计，另行委托设计）

2.5 建筑规模

本项目建筑总面积为66600m²，总建筑面积174555.95m²，其中地上建筑面积为130105.13m²，地下建筑面积44450.82m²，均满足规划要求指标。

单体座建筑面积、建筑高度、建筑层数指标一览表（由下：（高度室内正负零至屋面顶面）

	户数	建筑功能	地下建筑面积（m²）	地上建筑面积	总建筑面积	耐火等级		建筑防火分类	建筑高度（m）
						地下	地上		
楼座	72	住宅	1076.83	9844.28	10921.11	一级	二级	2、18	二类高层	53.40

2.6 结构形式为剪力墙结构，设计使用年限为3表50年，抗震设防烈度为7度。

2.7 人防地下室的抗力等级、防化等级及图纸详见设计施工图纸。

3、设计标高

3.1 各单体标高详见平面（室内设计标高±0.000标高详于绝对标高）。

3.2 各标高标志为建筑完成面标高。屋面标高为结构面标高。

3.3 本工程标高以m为单位，平面其它尺寸以mm为单位，其他图纸以mm为单位。

4、墙体工程

4.1 承重钢筋混凝土墙体、墙体的基础部分详见结构施工图。本工程所用砂浆均为采用"预拌商品砂浆（含砌筑砂浆、抹灰砂浆、保温砂浆）"。

4.2 地下室承重围护墙采用300mm混凝土复合自保温砌块，其构造细和技术要求详见，17J105《青承重复合砌筑墙体用钢

温系统建筑构造）。内隔墙除图中另注明者外均采用200mm厚B06级加气砌砌块干容度≤625kg/m³，（合格品），专适合砂浆砌筑。其构造技术要求详见13J3-3《加气混凝土砌块墙》，加气砌块的参考临界干密度要求不应低于A2.5，用于外墙时，其强度等级不应低于A3.5，建筑砌块应和材防火极限及防火隔子《建筑设计防火规范》GB50016-2014（2018年版）表5.1.2的要求。隔墙空气隔声性能均应达到《民用建筑隔声设计规范》GB50118-2010的要求。

4.3 管做灰混凝土隔墙体有要求者外，均做混凝土砼层及做灰至顶，上底面宽500mm，下底面宽300mm，高300mm位于楼层隔墙下方直接安装于结构梁（板）顶上。

4.4 墙体防潮：设计地室内外墙面以上，位于室内地面垫层处设置连续水平防潮层；做法：对于2本沥青防水层沿3%～5%的均匀水泥20厚，以水为混凝土墙底外。室内轮轴墙面的同两墙合平一侧的墙表20厚；2厚合材水泥砂浆抹面。卫生间、阳台等用水处的四周墙体应带（防门墙）后做C20石混凝土墙及石灰，且点至少高出相邻地面向楼面面层200mm，并与结构楼板同时浇筑，做法参见13J3-3（㉑）。

住宅外门墙无墙与墙面交接时，采C20混凝土水台，反沿高度不低于室面完成面300mm。

4.5 墙体留洞及封堵

4.5.1 钢筋混凝土墙上的管洞及预埋件备备；砌筑墙预留孔见建筑及相关专业图，待管道安装毕后，用C20石砂浆填实或不低于墙体耐火极限材料封堵；穿楼板和穿墙孔洞处应采用防火材料封堵。

4.5.2 空调预留洞φ80（具体位置详见平面），挂式空调洞中心距地2.2m，客厅形式空调预留洞中心距地0.2m，洞口向水下方倾斜10°，洞口内外用PVC套管（带止水环）。洞中心距离：150mm（当窗洞位置出有内保温处处时，因受保温层厚度影响，洞中心墙向要应相应增加）。凸窗空调室外高度<750mm，严禁点已做好保温的墙面上直浆洞，以防止破坏保温层。

4.6 两种材料的墙体交接处，应根据墙面材质方向金属网或在施工中加贴玻璃纤维网格布，防止裂缝。

5、施工室和室内防水工程

5.1 地下防水工程执行《地下工程防水技术规范》GB50108-2008和地方有关规范和规定。

5.2 根据地下室的防水功能，室内室外气体等级为一级，设计抗渗等级为P6，外采4.0厚SBS改性沥青防水卷材（Ⅱ型）+3.0厚SBS改性沥青防水卷材（Ⅱ型）；其他部位防水等级为二级，设防为一防水钢筋混凝土结构的，设计抗渗等级为P6，外采4.0厚SBS改性沥青防水卷材（Ⅱ型）

5.3 防水混凝土施工、穿墙管预埋固阴角、转角、处缝、后浇带等部处及变形缝等地下工程渗漏环节基础构造做法参考《地下防水工程质量验收规范》GB50208-2011执行。

5.4 室内防水见"室内装修做法表"中防水地做索引，穿楼地面的管道各各本种要理地本身管。

5.5 凡有地面流水地面的房间内均设防水层，图中未注明整个房间做做流水，均在本地室周1m范围内做1%～2%坡度找坡向地漏，有水房间地面应比相邻房间地面20mm（无障碍门为10mm）且以找面坡度为流水门槛处。

5.6 卫生间、浴室、阳台等有水房间的楼面需要做防水隔离层。卫生间门口处地后成上翻高至地坪面面顶水伸长度≥500，向楼墙果两侧不小于200，做法见点5.6A卫生间、浴室及地高墙体向上及卫生墙地面做面反弹上砼墙，做法详见点5.6B大壁，管道、细缝、地面网至200mm范围内且所有阴阳角等均另做附加加防渗水砼层砼加砼土伐一体化防水涂膜。

6、屋面工程

6.1 本工程的屋面防水等级为Ⅰ级，各类屋面做法见屋面做法表。

6.2 屋面排水坡坡及屋面水有关详图做法，详见、做屋见及点点与相关图有关详图；内落水水管排水管用封式管水系统做法。外落水管水、水落管等采用UPVC，落水管的公称直径不应小于DN100mm（外接落水不外排）。每一主水面顶的屋面积内水一般不小于两个水落口，当屋面面积不大且小于当地一个水落口的最大汇水面积，而采用单个水落口的面积时，也可采用一个水落口加溢流口的方式。

第六章　建筑施工图

四、建筑平面图

建筑平面分层绘，各层内容不一样。
底层门厅和入口，台阶散水都画上。
标准平面几层用，特殊部位看另详。
屋顶平面标坡度，烟道水口也标上。
房屋先看总长宽，然后才把其他详。
纵横轴线有几条，承重纵墙或横墙。
开间多大进多深，建筑面积算平方。
房屋配置啥用途，门窗位置及数量。
楼梯设置在何处，剖图位置及方向。
各种内容都看完，平面布置心里装。

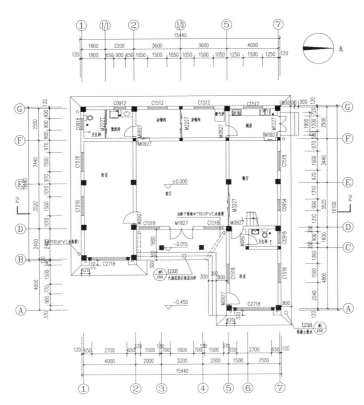

图 6.4　建筑平面示意图

第六章　建筑施工图

五、建筑立面图

建筑立面啥式样，
每种立面分别详。
门窗样式和个数，
各处标高都标上。
入口雨蓬和阳台，
还有水管垃圾箱。
装修做法看图文，
参照施工甭商量。

青灰色亚光高级进口陶瓦

6.750
4.350
3.000
0.300

30厚300高青石勒脚

仿青砖面砖贴面外墙（要求配套转角砖且门窗洞口上下沿竖贴）

-0.300

3000 1500 1500 3000   6000   1500

16500

Ⓜ   Ⓚ Ⓙ Ⓗ   Ⓕ   Ⓑ Ⓐ

图 6.5　建筑立面图

第六章　建筑施工图

六、建筑剖面图

建筑剖面是设想，看看房内啥五脏。

平面图上剖切处，必须注意其方向。

先看层高和净高，再看结构构造详。

楼面厚度计算好，层高之内得净高。

材料做法防潮层，内外高差是多少。

剖面仅标代表处，其他地方另图找。

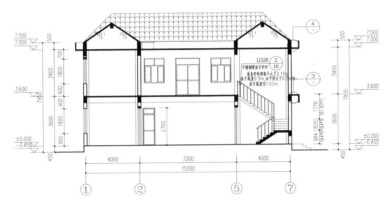

图 6.6　建筑剖面示意图

第六章　建筑施工图

七. 建筑详图

建筑详图画得细，都是采用大比例。

局部构造怎样做，看了详图记心里。

索引符号弄明白，以免查找费精力。

墙身详图内容多，节点做法标得详。

地面楼面和屋面，窗台窗套窗过梁，

散水防潮和勒脚，檐口梢头在上方。

从下往上数节点，标高尺寸做法详。

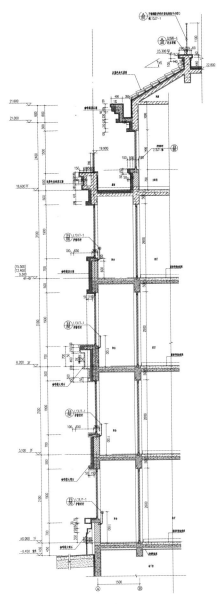

图 6.7 墙身详图示意图

第六章　建筑施工图

七、建筑详图

楼梯详图设计细，不然施工难依据。

梯段平面费理解，因为梯是斜立的。

上下方向内外坪，第一步线定哪里。

踏步级数易出错，算好尺寸心有底。

一跑连着二跑拐，转弯节点算仔细。

只要楼梯图看懂，其他详图都容易。

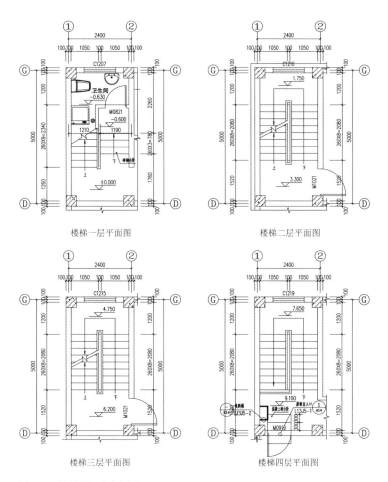

楼梯一层平面图

楼梯二层平面图

楼梯三层平面图

楼梯四层平面图

图 6.8　楼梯平面示意图

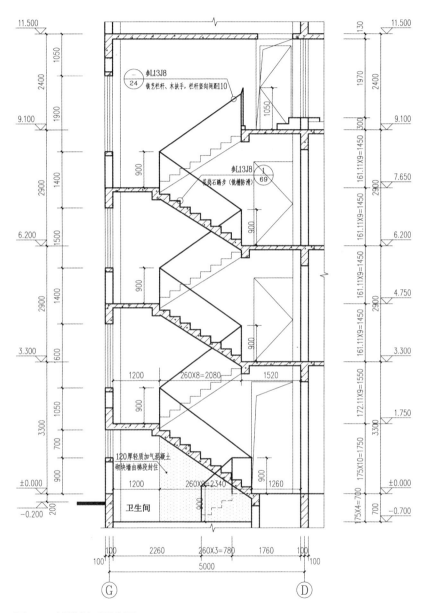

图 6.9　楼梯剖面示意图

第六章　建筑施工图

八、门窗详图

不论单层或高层，门窗详图栋栋有。

主要参考标准图，卯里榫里不用愁。

立面外形开启向，注意不能裁反口。

图上标注净尺寸，剖光干缩留余头。

五金规格照表办，窗扇不能漏风钩。

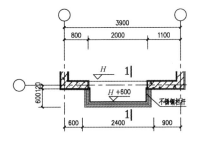

窗户平面图

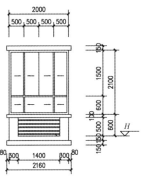

窗户立面图

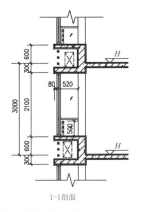

1-1剖面

图 6.10　窗户详图示意图

第六章　建筑施工图

九、其他详图

其他详图内容多，

仔细查看别忽略。

图纸图集都不全，

设计员处弄明确。

其他并非不重要，

没有图纸工期拖。

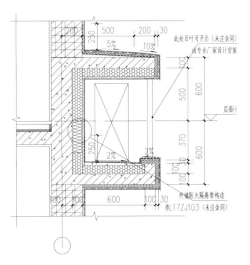

图 6.11　凸窗挑板详图示意图

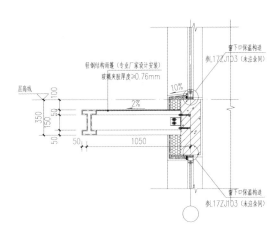

图 6.12　雨篷详图示意图

第七章 结构施工图

一、结构说明

结构设计看说明，

再看图纸各内容。

结构本是承重件，

力学计算求准精。

结构好比人骨架，

粗细结合力学功。

施工严格按图纸，

随意改变万不能。

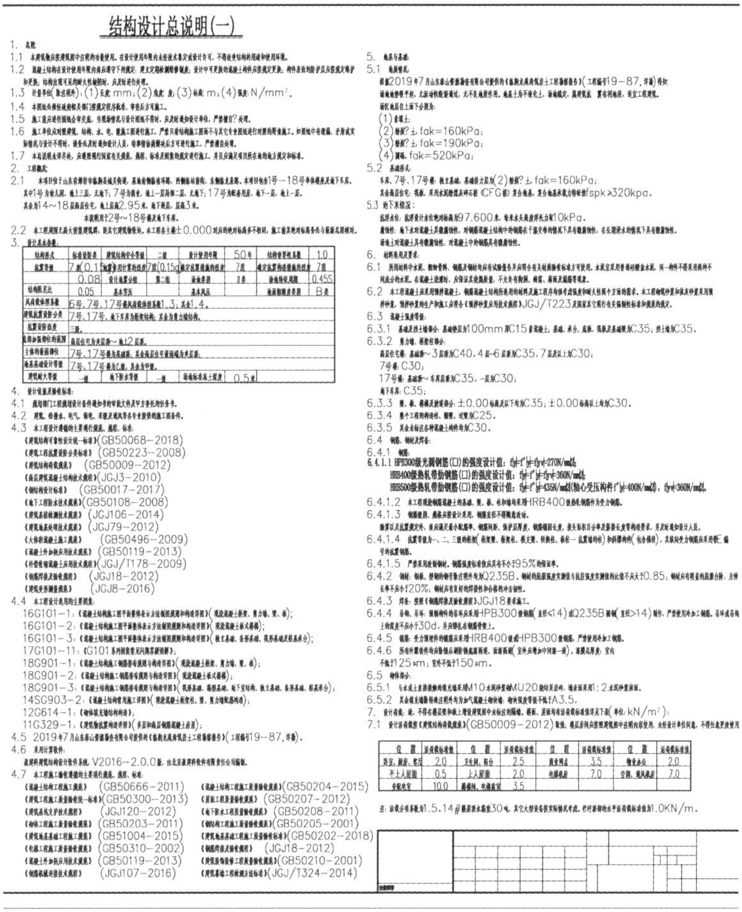

图 7.1　结构设计总说明示意图

第七章 结构施工图

二、基础图

基础结构施工图，

轴线来自建施平。

基础墙柱和圈梁，

暖气沟及预留洞。

断面形式及构造，

做法尺寸标分明。

看准图纸再放线，

免得破土后返工。

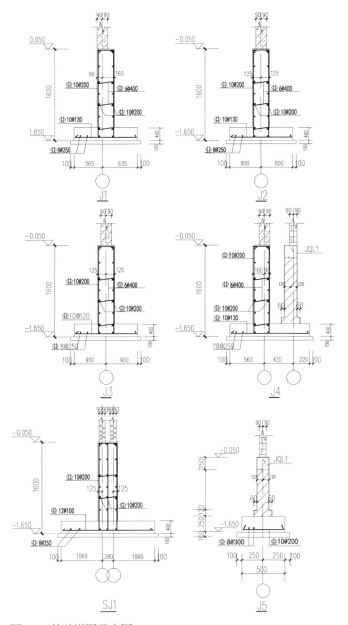

图 7.2　基础详图示意图

第七章　结构施工图

三、结构平面图

结构平面标构件，分为工业和民用。

楼层结构布置图，各种构件已标明。

梁板墙柱有联系，再看节点弄得清。

现浇楼板和构件，标有钢筋与品种。

屋顶结构布置图，挑檐天沟见详情。

工业厂房结构图，柱网屋架有支撑。

构件多用混凝土，配筋详图绘得清。

只要结构质量好，房屋寿命保险中。

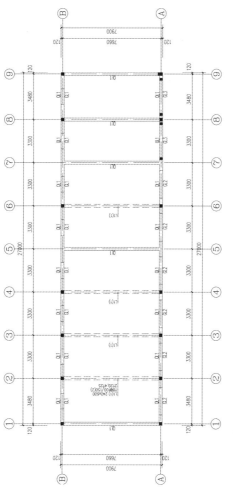

图 7.3 结构平面图示意图

第八章 房屋构造及施工技术要点

一、房屋构造名称

构造名称多，主项说一说。

地基与基础，墙体梁柱垛。

地面天棚面，雨篷过梁驮。

门窗扇连框，装饰名堂多。

垃圾通风道，烟道壁龛搁。

散水坡台阶，墙裙和勒脚。

墙壁挂镜线，窗台窗帘盒。

楼梯连上下，休息平台隔。

防火女儿墙，压顶要做坡。

避雷针连线，质量要严格。

房屋构造多，难详一一说。

变迁与时进，添减看沿革。

图 8.2　建筑构造——梁、天棚和地面

图 8.1　建筑构造——基础

图 8.3　建筑构造——女儿墙与避雷针

图 8.4　建筑构造——门垛　图 8.5　建筑构造——墙　图 8.6　建筑构造——柱

第八章 房屋构造及施工技术要点

二、地基

万丈高楼平地起，完全依赖一地基。

天然地基耐力足，直接盖屋甭加固。

软弱土层耐力差，人工加固有办法。

压实换土打桩基，使其满足承载力。

高层建筑须钻探，地基可靠保安全。

低层建筑可触探，千万不能侥幸建。

地基一般须打钎，看看是否有隐患。

只有地基合要求，避免超标准沉陷。

图 8.7　桩机钻孔

图 8.8　桩机吊笼

图 8.9　堆载法桩基静荷载试验

第八章　房屋构造及施工技术要点

三、基础

建房首先做基础，确保质量再施工。

基础材料凭计算，新型材料配传统。

砖石灰土混凝土，需要哪种用哪种。

基础类型四种分，单独整体桩条型。

按照受力分两类，刚性基础和柔性。

刚性满足刚性角，挑台超标可不行。

柔性满足弯剪力，配筋最小按规定。

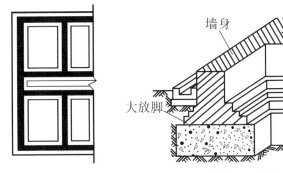

墙身

大放脚

图 8.10　条形基础平面图　　图 8.11　条形基础透视图

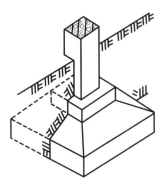

图 8.12　独立基础透视图

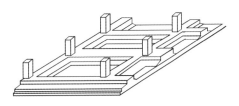

图 8.13　筏板基础平面图　　图 8.14　筏板基础透视图

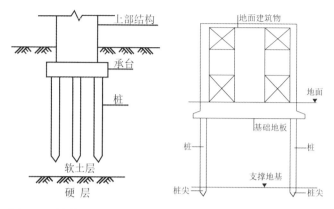

图 8.15　桩基础图

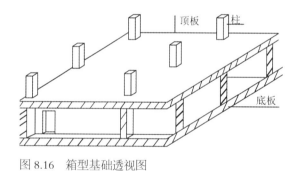

图 8.16　箱型基础透视图

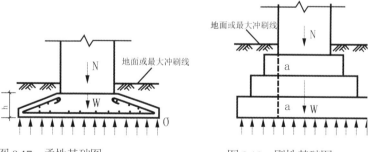

图 8.17　柔性基础图　　　　　图 8.18　刚性基础图

第八章　房屋构造及施工技术要点

三、基础

基础埋深有要求，起码深于冰冻层。

旧基旁边建新基，计算侧压力后定。

埋深不同做成槎，规定须做阶梯形。

一端高重一边轻，必须设置沉降缝。

此项须从基础始，处理方式有三种：

双墙交叉悬挑式，按照实情来确定。

基础如连地下室，另加措施才能行。

地下室有水压力，必须做好防水层。

特殊基础另设计，按照要求来施工。

第八章　房屋构造及施工技术要点

四、毛石基础

毛石基础最常用，

一般做成阶梯形。

上层压缝至少半，

平铺卧砌错好缝。

内外搭接加丁石，

砂浆饱满无干缝。

拐角处用大石块，

要留斜槎按规定。

图 8.19　山东省临朐县五井镇隐士村毛石基础房屋图

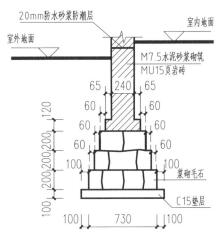

图 8.20　毛石基础示意图

第八章 房屋构造及施工技术要点

五、砖基础

砖材基础易施工，
百五强度砖才行。
收台四分之一砖，
地基必须做垫层。
水泥砂浆应饱满，
地基防水要做精。
盐碱地区不宜用，
重要建筑更不行。

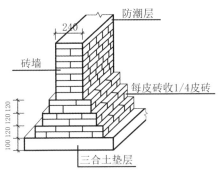

等高式大放脚

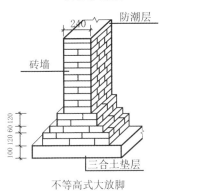

不等高式大放脚

图 8.21 砖基础示意图

六、毛石混凝土基础

混凝土中加毛石，

做成基础强度高。

机械振捣须分层，

每层厚度不超标。

石径小于三分米，

加入三成就不少。

硬质石块洗干净，

混凝土中要埋包。

基础做成要养护，

回填地槽密实好。

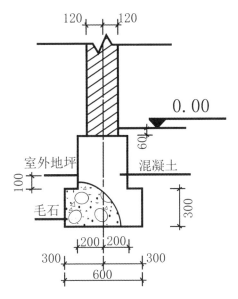

图 8.22 毛石混凝土基础示意图

第八章 房屋构造及施工技术要点

七、钢筋混凝土基础

钢筋混凝土基础，

抵抗弯矩能力大。

基础尺寸和配筋，

计算数据取最佳。

配筋最低有规定，

保护层厚关严把。

砼号起超二百号，

构造措施别弄差。

图 8.23 山东省潍坊市虞园钢筋混凝土基础实拍图

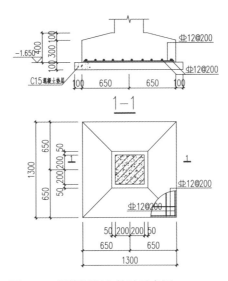

图 8.24 钢筋混凝土基础示意图

第八章　房屋构造及施工技术要点

八、桩基础

天然地基不满足，

可以采用桩基础。

使用范围有规定，

根据地基来评估。

施工方法分两类，

预制或者现灌筑。

要使桩基质量好，

操作规程不能粗。

图 8.25 桩基础图

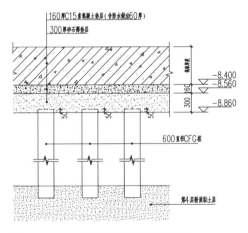

图 8.26 CFG 桩复合地基图示意图

第八章　房屋构造及施工技术要点

九、墙体

要建房屋须垒墙，三大作用讲一讲；
承重围护和分隔，用啥功能砌啥墙。
墙体类型分四种，每种分法内容详；
承重与非按受力，位置又分内外墙；
方向分来有纵横，材料构造更多样：
砖墙石墙砌块墙，轻质隔墙大板墙。

图 8.27　建筑外围护墙　　　　　　　　图 8.28　承重墙

图 8.29　砌块墙　　　　图 8.30　石墙

图 8.31　砖墙　　　　　　　　　图 8.32　隔墙

第八章　房屋构造及施工技术要点

九．墙体

最常用的是砖墙，黏结材料用砂浆。

墙厚常用有五种，砖之模数添或减。

半砖一砖一砖半，四分之三和两砖。

砖墙组砌有规定，常用形式有三种：

一顺一丁或全顺，三顺一丁最常用。

清水墙体选好砖，最好形式梅花丁。

墙体局部构造点，预先摆砖组好缝。

灰缝厚度十毫米，半砖一砖不透明。

百年大计是质量，施工操作按规程。

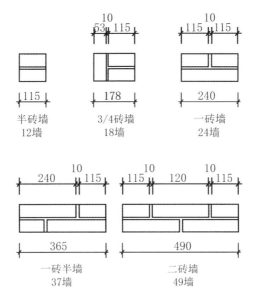

图 8.33　砖墙的尺度

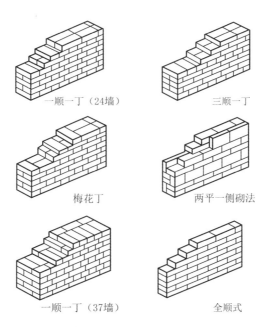

图 8.34　砖墙不同组砌方法

第八章 房屋构造及施工技术要点

十. 墙身防潮层

砖墙宜设防潮层，
地坪以下砖一层。
防水砂浆最常用，
配合比例要弄清。
内外地坪高差大，
墙面也做防潮层。
水泥砂浆先勾缝，
再刷两道热沥青。

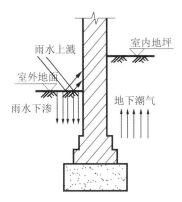

图 8.35　墙身防潮原因图

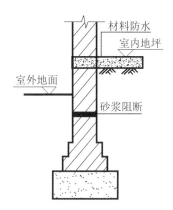

图 8.36　勒脚材料防水图

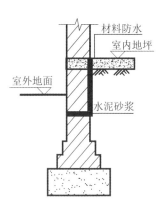

图 8.37　勒脚结合砂浆内防水图

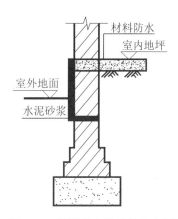

图 8.38　勒脚结合砂浆外防水图

第八章　房屋构造及施工技术要点

十一、外墙勒脚

外墙勒脚在下方，
防止雨浸和碰伤。
或抹或贴按设计，
牢固不裂耐久长。

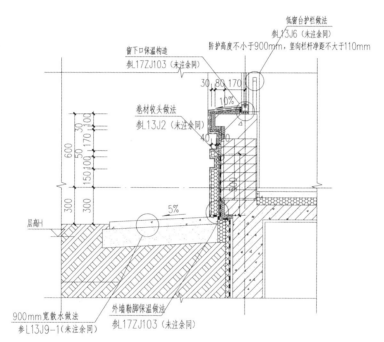

图 8.39　勒脚详图示意图

第八章 房屋构造及施工技术要点

十二、散水坡明沟

顾名思义散水坡，

防水护基好处多。

宽度坡度按设计，

首先处理好地基。

砼散水留变形缝，

清理干净灌沥青。

雨量超规砌明沟，

排水畅顺不积留。

图 8.40 散水坡实拍图

十三、门窗洞口

出入采光安门窗，
通风换气益健康。
先立框或后塞口，
两种办法不一样。
立框牢固缝隙小，
塞口适合金属窗。
每侧宽出留余地，
太大太小不好镶。
后塞口要埋木砖，
防腐措施不能忘。

图 8.41　门窗洞口图

第八章　房屋构造及施工技术要点

十四、窗台

外台作用是防水，
内台作用是防碰。
砖砌预制看需要，
建筑做法有两种：
平砌侧砌留挑出，
内平外坡抹滴水。
内窗台下设壁龛，
多用预制窗台板。
安铺牢固塞严密，
以免浸水把墙染。

图 8.42　飘窗内窗台图

图 8.43　内窗台图

图 8.44　外窗台图

图 8.45　飘窗外窗台图

第八章　房屋构造及施工技术要点

十五、过梁

门窗洞口设过梁，

承受荷载传侧墙。

为防门窗被压坏，

各种过梁做法详。

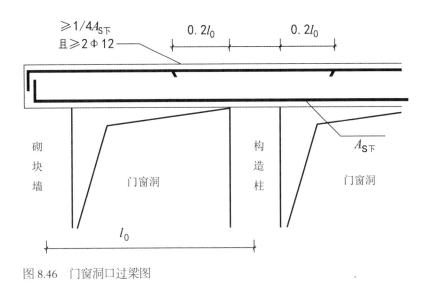

图 8.46　门窗洞口过梁图

第八章 房屋构造及施工技术要点

（一）砖拱过梁

平拱过梁砖侧砌，
砖行单数中竖立。
上宽下窄灰缝塞，
一点二米跨度宜。
跨度如达二三米，
弧形拱券应采取。
地基不匀有振动，
集中荷载不能用。

图 8.47　砖拱过梁图

（二）钢筋砖过梁

洞口钢筋砖过梁，

砌筑做法同砖墙。

支好模板铺砂浆，

放匀钢筋再砌梁。

半砖墙宽放一根，

端头上弯有力量。

跨度禁超一米五，

超一米五另用梁。

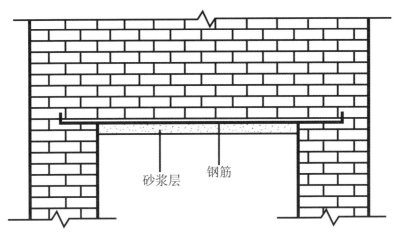

砂浆层   钢筋

图 8.48　钢筋砖过梁图

（三）钢筋混凝土过梁

　　荷载较大洞口宽，
　　使用砼梁才安全。
　　标号起超砼二零，
　　配筋数量经计算。
　　现浇预制都可以，
　　预制认准上下面。
　　圈梁如要代过梁，
　　过梁钢筋另加添。

图 8.49　钢筋混凝土过梁图

（四）木过梁

农村草屋土坯房，
传统多用木过梁。
临时建筑洞口小，
也可选用木过梁。
安装使用能周转，
防腐措施使用长。
材质必须有韧性，
脆硬木料扔一旁。

图 8.50　木过梁图

十六、圈梁

水平圈梁封闭型，
增加刚度稳定性。
标号最小砼二零，
现浇预制分两种。
圈梁如被洞口截，
附加圈梁作补充。
如果采用砖圈梁，
钢筋上下铺两层。

图 8.51　圈梁图

第八章　房屋构造及施工技术要点

十七、烟道

烟道设在横墙上，
分为单孔和多孔。
内壁平滑无阻塞，
砖砌预制分两种。
与墙整砌成一体，
安装应由下往上。
楼板端头别串烟，
靠近木件防火烘。

图 8.52　烟道图

第八章　房屋构造及施工技术要点

十八、通风道

通风之道排浊气，
可用砌块或砖砌。
口离天棚一尺许，
另加网盖做美饰。
与墙整砌成一体，
高出屋面看设计。
须加顶盖防雪雨，
周边泛水抹仔细。

图 8.53　通风道图

第八章　房屋构造及施工技术要点

十九．垃圾道

多层建筑垃圾道，

各个部位须知晓。

井斗箱口四部位，

每处作用都不小。

内壁砌抹要光滑，

灰口设在楼梯道。

与墙同砌连接牢，

别忘使用拉结条。

图 8.54　垃圾道图

二十、隔墙

只起分隔不承重，材质种类不一样。

轻质薄壁隔声好，防水防火易修装。

常用做法有三种，砌砖预制和钉镶。

半砖墙高四米内，须用高等级砂浆。

轻质隔墙用骨架，然后钉面再粉刷。

预制隔墙材料轻，安装方便好挪动。

特殊隔墙看设计，根据要求来施工。

图 8.55 隔墙图

第八章　房屋构造及施工技术要点

二十一、阳台

地面延伸到室外，构成纳阳之平台。

凸凹或中有三种，构造各都不相同。

凸台悬臂凹简支，半凸两者兼受力。

栏板牢固排水好，台面须比室内低。

要搁花盆防坠落，钢筋铁网保护之。

晾晒衣服按钢架，预埋焊接再刷漆。

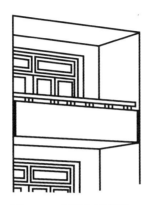

图 8.56　凸阳台示意图

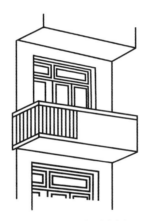

图 8.57　凹阳台示意图

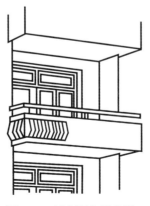

图 8.58　复合阳台示意图

第八章　房屋构造及施工技术要点

二十二、雨篷

防雨之篷护外门，

悬挑一点五米内。

钢筋位置要准确，

放置反了立倾废。

支模牢固拆模迟，

配比精准要捣实。

抹好坡度和滴水，

重物千万别放置。

图 8.59　雨篷图

第八章　房屋构造及施工技术要点

二十三、台阶坡道

室内室外有高差，须设台阶好进家。

步高百五毫米内，宽度三百脚好踏。

门扇外开留平台，坡度外低无坑洼。

如有车具进出屋，做成坡道好推拉。

坡度一般一比十，再大必须做防滑。

台阶坡道要坚实，防冻防陷和防砸。

图 8.60　台阶坡道图

第八章　房屋构造及施工技术要点

二十四、门

为了交通和疏散，外墙内墙把门安。

净高最小不碰头，宽度要看是几扇。

增加上亮多采光，并和窗口齐上沿。

开启方向分五种，平开自由门扇转。

推拉折叠占空少，节点构造不一般。

材料做法好几种，木铝合金钢常见。

门框门扇和上亮，一般组成三大件。

门的质量应耐用，开启自由别跑扇。

为防蚊蝇加纱门，内外裁口别弄反。

图 8.61 门示意图

第八章　房屋构造及施工技术要点

二十五、窗

通风采光需用窗，
一般安设在外墙。
开启方式分三种，
平开转扇推拉窗。

图 8.62　平开窗图

图 8.63　推拉窗图

图 8.64　转扇窗图

第八章　房屋构造及施工技术要点

二十五、窗

使用材料有几类，

铝合金等钢木窗。

木材使用最传统，

易于加工和安装。

钢窗代木车间多，

坚固耐用且窄框。

铝合金窗称豪华，

美观耐久品高档。

窗子组成三大件，

窗框窗扇和窗亮。

图 8.65　木窗图

图 8.66　钢制门窗

图 8.67　铝合金窗图

第八章　房屋构造及施工技术要点

二十五、窗

为防蚊蝇加纱扇，
采光通风不影响。
要想安全加铁栅，
也可钉上防护网。
通风敞窗安风钩，
以免刮风碰坏窗。
日落休息不用光，
窗帘盒具要安上。

图 8.68　防盗窗图

图 8.69　纱窗图

第八章　房屋构造及施工技术要点

二十六、地面楼面

地面楼面之构造，
分为底层和面层。
底层承受荷载力，
面层直接供使用。
底层下边是地基，
满足耐力才称行。
基层以上叫垫层，
灰土砼材最常用。

图 8.70 混凝土垫层

图 8.71 筏板钢筋

图 8.72 筏板

第八章　房屋构造及施工技术要点

二十六、地面楼面

楼面基层分三种，

砼板木板或砖拱。

现浇砼板整体好，

预制砼板好施工。

木制楼板虽高级，

防火性差较少用。

砖拱楼板不抗震，

非地震区可采用。

图 8.73　木楼板

图 8.74　现浇混凝土楼板

图 8.75　预制楼板

第八章 房屋构造及施工技术要点

二十六、地面楼面

说罢底层说面层，面层类型分三种。

整体块料和木板，做法优点各不同。

整体地面防水好，水泥砂浆最普通。

空鼓裂缝要避免，垫层必须有刚性。

美观耐用水磨石，层层工序不放松。

要想刚性防水好，也可使用细石砼。

块料面层易施工，式样材料好变更。

木板地面舒舍暖，家装使用已普遍。

底层面层都做好，不做踢脚可不行。

高度最小有规定，防止污墙和磕碰。

使用材料同地面，黏结牢固才能行。

底层面层都做好，地面楼面好使用。

图 8.76　水磨石地面　　　　　　　　图 8.77　木地板

图 8.78　水泥地面

第八章 房屋构造及施工技术要点

二十七、楼梯

多层建筑设楼梯，

位置形式要合理。

楼梯性质分四种，

安全消防主辅梯，

楼梯材料有三种，

钢材木质或砼梯。

图 8.79　混凝土制楼梯

图 8.80　钢制楼梯

图 8.81　木制楼梯

第八章　房屋构造及施工技术要点

二十七、楼梯

楼梯形式十余种，

采用哪种看实际。

单跑双跑又多跑，

双分双合八角形。

曲尺桥式交叉式，

还有螺旋曲线型。

最常用的是双跑，

三十三度最常用。

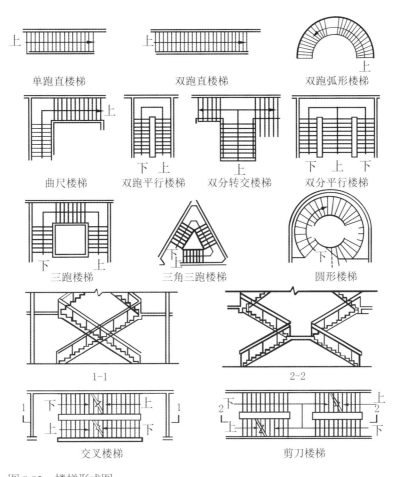

单跑直楼梯　　　　双跑直楼梯　　　　双跑弧形楼梯

曲尺楼梯　　双跑平行楼梯　　双分转交楼梯　　双分平行楼梯

三跑楼梯　　　三角三跑楼梯　　　　圆形楼梯

1-1　　　　　　　　　　2-2

交叉楼梯　　　　　　　剪刀楼梯

图 8.82　楼梯形式图

第八章 房屋构造及施工技术要点

二十七、楼梯

楼梯组成三大件，梯段栏杆和平台。

台段宽度有规定，满足通行和拐弯。

坡度踏步分跑线，楼梯施工三要点。

栏板扶手预埋件，忘了预埋难补办。

老幼扶梯更重要，不然还得有人搀。

楼梯施工质量好，上下方便又安全。

图 8.83　楼梯组成形式图

第八章　房屋构造及施工技术要点

二十八、装饰装修

（一）外墙装饰

外墙装饰分三种，

抹灰贴面和喷涂。

根据使用选方案，

环境因素别疏忽。

建筑体型配色彩，

美观协调如画图。

标志建筑精设计，

历史符号载久古。

图 8.84　水泥清水外墙

图 8.85　大理石贴面外墙

图 8.86　面砖贴面外墙

图 8.87　喷涂真石漆外墙

第八章　房屋构造及施工技术要点

（二）外墙抹灰

外墙抹灰最常用，

一般做法分三层，

底层黏结中找平，

面层美观应耐用。

常用做法五六种，

水泥砂浆最普通。

水刷扒粒斩假石，

喷涂弹涂也流行。

图 8.88　外墙抹灰示意图

第八章　房屋构造及施工技术要点

（三）外墙贴面

高级装饰镶贴面，

效果长久又美观。

彩色面砖马赛克，

大理石板花岗岩。

镜面玻璃铝合金，

操作按照规程办。

外墙贴面严质量，

风吹日晒经考验。

图 8.89　马赛克外墙

图 8.90　砖外墙

图 8.91　铝合金幕墙

图 8.92　花岗岩外墙

第八章　房屋构造及施工技术要点

（四）外墙喷弹刷涂

外墙喷涂造价低，
节约材料和时力。
弹涂使用彩水泥，
颜色和谐配房体。
外墙涂料用厚质，
耐浸耐晒是目的。
喷涂弹涂和刷涂，
各种做法看设计。

图 8.93　外墙涂料示意图

（五）内墙装饰

内墙装饰分四类，
抹贴喷刷和裱糊。
哪种做法看需要，
所用材料要无毒。
镶贴多在厨厕间，
客厅美观可裱糊。
喷刷乳浆要均匀，
反光效果亮房屋。

图 8.94 内墙抹灰示意图

图 8.95 贴壁布示意图

图 8.96 镶贴瓷砖示意图

图 8.97 刮腻子示意图

（六）内墙抹灰

内墙抹灰做法多，

石灰麻刀最常用。

打底找平再罩面，

适时压光不放松。

水泥砂浆年代近，

三层做法别省工。

严格配比和操作，

空鼓裂缝少发生。

图 8.98　内墙抹灰示意图

第八章　房屋构造及施工技术要点

（七）涂料

墙面刷涂料，现代新材料。

规程好掌握，美观成本小。

底层刮腻子，搓平后再扫。

涂刷两三遍，颜色均匀好。

外墙用厚质，耐水又耐曝。

内墙用薄质，色淡最需要。

要点不粉落，衣服不染着。

图 8.99　外墙涂料示意图

图 8.100　内墙涂料示意图

第八章　房屋构造及施工技术要点

（八）墙面油漆

墙面油漆工序多，
不同基层不同活。
木质砼质金属质，
干净严密细打磨。
先刷底油再刷面，
层层工序严操作。
油漆颜色细调配，
美观满足心理学。

图 8.101　墙面油漆图

（九）墙面裱糊

裱糊材料分四种，

塑料墙纸最常用。

清好基层刷好胶，

鼓翘皱裂要返工。

墙纸尺寸定方案，

阴角纸折阳角弓。

物件凸出墙面处，

吻合严密戳好孔。

墙面某处预留用，

提前早把方案定。

图 8.102　墙面裱糊图

第九章　冬期施工

冬期施工有规定，依据材质各不同。

气温数据查记准，措施要点掌握清。

气温低于负三度，砌体砂浆要防冻。

常用掺盐砂浆法，配合比例按规定。

或用快硬砂浆法，一刻钟后难使用。

混凝土质冬施工，气温措施更严明。

蓄热方法最简单，外加剂法也普通。

蒸汽养护效果好，费用较高要核定。

冬期施工掌握好，天寒地冻不停工。

图 9.1　外加剂

图 9.2　冬季养护

第十章 雨期施工

雨期施工增困难，主要措施防水患。

地基挖好别泡水，砌体收工压干砖。

砼调配比且覆盖，模板支柱下垫板。

现场路基防排水，起重机下防水湾。

天气预报记录好，措施提前无后患。

室外抹灰防水浸，压盖薄膜防风掀。

图 10.1　雨期防洪排水示意图

第十一章　建筑材料

一、建筑材料性质

材料三大性，概念要记清。

理化及力学，了解好使用。

比重和容重，还有堆积重。

密实孔隙率，反映同一性。

吸水与吸温，抗渗与抗冻。

热传热容量，还有热胀性。

酸碱盐腐蚀，化学稳定性。

使用环境异，根据实情定。

材料名称	密度/g·cm⁻³	表观密度/kg·m⁻³	堆积密度/kg·m⁻³	孔隙率/%
石灰岩	2.6~2.8	1800~2600	—	0.6~1.5
花岗岩	2.6~2.9	2500~2800	—	0.5~1.0
黏土	2.5~2.7	—	1600~1800	—
混凝土用砂	2.5~2.6	—	1450~1650	—
水泥	2.8~3.2	—	1200~1300	—
烧结普通砖	2.5~2.7	1600~1800	—	20~40
普通混凝土	2.6	2100~2600	—	5~20
混凝土用石	2.6~2.9	—	1400~1700	—
红松木	1.55~1.6	400~800	—	55~75
钢材	7.85	7850	—	—
泡沫塑料	—	20~50	—	95~99

图 11.1 常用建筑材料密度、孔隙率表示意图

第十一章 建筑材料

一、建筑材料性质

强度和硬度，
弹性和塑性。
脆韧冲击性，
力学机械性。
性质了解好，
不要盲目用。
根据功能选，
才有耐久性。

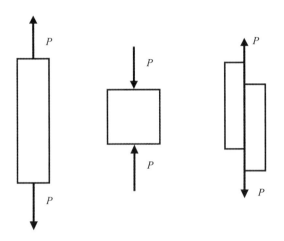

图 11.2 拉力、压力、剪力示意图

标准矿物	滑石	石膏	方解石	萤石	磷灰岩	长石	石英	黄玉	刚玉	金刚石
硬度等级	1	2	3	4	5	6	7	8	9	10

图 11.3 莫氏材料硬度等级表示意图

第十一章　建筑材料

二、钢材

建筑钢材最常用，

主要用其力学性。

用前必须验合格，

除锈防腐头道工。

钢材分为五大类，

热轧冷拔最常用。

焊接构件更重要，

焊条母材共其性。

接头必须试化验，

不留隐患在其中。

图 11.4　钢材示意图

第十一章　建筑材料

三、水泥

水泥水化即变硬，
胶结材料水硬性。
等级种类弄清楚，
根据用途来选定。
防止腐蚀养护好，
骨料必须洗干净。
水泥用前要化验；
强度标准安定性。

品种	I类		II类			
	硅酸盐水泥	普通水泥	矿渣水泥	火山灰水泥	粉煤灰水泥	复合水泥
主要特性	①凝结硬化快、早起强度高； ②水化热大； ③抗冻性好； ④耐热性差； ⑤耐蚀性差； ⑥干缩性较小	①凝结硬化较快、早起强度较高； ②水化热较大； ③抗冻性较好； ④耐热性较差； ⑤耐蚀性较差； ⑥干缩性小	①凝结硬化较慢、早起强度低；后期强度增长较快； ②水化热较小； ③抗冻性差； ④耐热性较好； ⑤耐蚀性较较好； ⑥干缩性较小； ⑦泌水性大、抗渗性差	①凝结硬化慢、早起强度低，后期强度增长较快； ②水化热较小； ③抗冻性差； ④耐热性较差； ⑤耐蚀性较好； ⑥干缩性较大； ⑦抗渗性较好	①凝结硬化慢、早起强度低，后期强度增长较快； ②水化热较小； ③抗冻性差； ④耐热性较差； ⑤耐蚀性较好； ⑥干缩性较小； ⑦抗裂性较高	①凝结硬化慢、早起强度低，后期强度增长较快； ②水化热较小； ③抗冻性差； ④耐蚀性较好； ⑤其他性能与所掺入的两种或两种以上混合材料的种类、掺量有关

图 11.5　常用水泥特性参考表示意图

第十一章　建筑材料

四、石灰

石灰性质气硬性，
胶结材料自古用。
提前洒水熟化好，
陈伏半月才能行。
配比用量看需要，
潮湿环境不宜用。
石灰砂浆强度低，
注意砌体安全性。

图 11.6 北京千灵山石灰窑遗址实拍图

第十一章　建筑材料

五、普通黏土砖

普通黏土砖，使用最广泛。

秦砖名仍用，优点不一般。

外观要合格，强度应试验。

过火与欠火，用时要精选。

砌墙应浸水，不宜涝和干。

要砌清水墙，更得选好砖。

标准长宽厚，用时先量算。

摆底计算缝，避免模数偏。

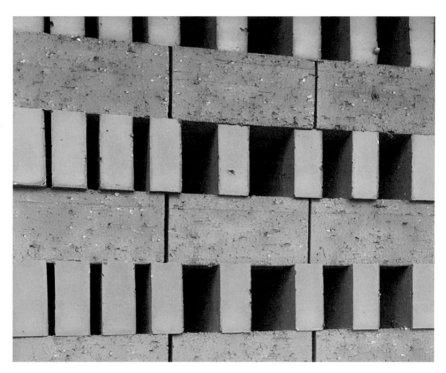

图 11.7　黏土砖示意图

第十一章　建筑材料

六．黏土瓦

汉瓦名称久，

型态多变化。

普通黏土质，

材脆自重大。

适用大坡度，

不易往下滑。

水槽有左右，

同屋别掺杂。

欠火瓦别用，

易裂防水差。

图 11.8　黏土瓦示意图

第十一章　建筑材料

七、木材

土木建筑须用木，了解性质好使用。

针叶阔叶两大类，受力方式分三等：

抗弯构件一等选，受弯压变用二等，

受压构件三等材，选用不当力不行。

松杉柞桦榆槐杨，红松鱼鳞是上乘。

湿材劲差干材高，含水率度掌握清。

自然风干一二年，重要构件须烤烘。

木材使用要防腐，提高寿命在其中。

图 11.9　木建筑示意图

第十一章 建筑材料

八、沥青

沥青有机胶凝料，建筑防水用得着。

石油沥青煤沥青，性质差别要知道。

前者水中略漂浮，后者沉落不上漂。

前者味淡后者臭，用前一定鉴别好。

针入延度软化点，主要指标定标号。

冷底子油沥青胶，溶剂填料应配好。

调制温度严掌握，安全措施要确保。

油毡卷材沥青黏，豆砂护层要铺好。

图 11.10　沥青主要用途示意图

第十一章　建筑材料

九、砌筑砂浆

垫平黏结传荷载，
砌筑砂浆三作用。
水泥石灰及混合，
常用砂浆这三种。
每种砂浆拌合物，
应有良好和易性。
砂浆硬化增强度，
黏结砌体抗变形。
砂浆配比先试验，
然后施工再调整。
用水别用腐蚀水，
中砂最好且干净。

图 11.11　砌筑砂浆示意图

第十一章　建筑材料

十、砌筑砂浆配合比

设计砂浆配合比，须算三个灰砂比。

设计强度加比率，算出试配灰砂比。

水泥增加一定值，再算两个灰砂比。

重量比变体积比，试配哪个最合适。

砂中含水值有变，调整施工配合比。

中砂材质须干净，砂中含土不超率。

材　料　名　称			42.5级水泥	中砂	石灰膏	水
编号	砂浆	砂浆强度等级	kg	kg	m³	m³
1	混合砂浆	M10	265.00	1515.00	0.06	0.40
2		M7.5	212.00	1515.00	0.07	0.40
3		M5.0	156.00	1515.00	0.08	0.40
4	水泥砂浆	M10	286.00	1515.00		0.22
5		M7.5	237.00	1515.00		0.22
6		M5.0	188.00	1515.00		0.22

图 11.12　砌筑砂浆强度等级配合比表示意图

第十一章　建筑材料

十一、混凝土

顾名思义混凝土，

凝固而成混合物。

各种因素种类多，

主要分法数一数。

胶结材料分三种，

有机无机与复合。

遇火燃烧有机物，

无机点燃火不着。

复合介于两者间，

可溶可烟不见火。

图 11.13　混凝土测坍落度图

图 11.14　混凝土泵车与搅拌站

第十一章　建筑材料

十一、混凝土

混凝土按重度分，轻重与特分四种。

重混凝土最常用，主要构件可承重。

混凝土按用途分，大体数有十种多。

结构隔热或装饰，耐酸耐碱或耐火，

海洋大坝或道路，防护补偿又收缩。

用途广泛名称多，用的什么叫什么。

图 11.15　混凝土高架桥图

图 11.16　混凝土道路示意图

第十一章　建筑材料

十一、混凝土

混凝土按特性分，轻质特种与普通。

普通混凝土常用，水泥砂石水拌成。

不加钢筋称素混，可用砼字来代称。

加钢筋用砼字代，两字字音都念砼。

轻混凝土用其轻，特种用途用特种。

钢筋混凝土耐久，年限长的建筑用。

秦皇若用混凝土，万里长城万年功。

图 11.17 素混凝土图

图 11.18 钢筋混凝土图

第十一章　建筑材料

十二、混凝土配合比

混凝土的配合比，四大材料三比例。

水灰比与砂石比，水泥砂浆骨料比。

三大比例确定好，然后算出配合比。

水泥单位定为一，砂石与水即比出。

砂石之中如含水，水灰比中要扣除。

减少外加含水量，加上砂石含水值。

可别轻视加水量，水多砼弱强度低。

砂石粒质如改变，还得另试配合比。

混凝土强度等级	水泥强度等级	每立方米混凝土材料用量								使用范围
		石子粒径(mm)	坍落度(mm)	用水量(kg/m³)	水泥(kg/m³)	砂(kg/m³)	石子(kg/m³)	粉煤灰(kg/m³)	泵送剂(kg/m³)	
C15	42.5	5~31.5	160~180	191	252	741	1112	48	6	基础、垫层、梁、板、柱、扶梯等
C20	42.5	5~31.5	160~180	191	255	730	1143	45	6	梁、板、柱、现浇构件、基础、路面等
C25	42.5	5~31.5	160~180	191	306	634	1178	54	7.2	预制梁板、屋架、梁、板、柱、薄腹板等
C30	42.5	5~31.5	160~180	191	349	639	1136	56.84	8.12	
C35	42.5	5~31.5	160~180	191	391	659	1076	63.7	9.32	
C40	42.5	5~31.5	160~180	191	397	662	1079	81.26	9.56	预制柱、屋架、吊车梁、预应力屋架等
C45	42.5	5~31.5	160~180	191	441	611	1086	90.27	10.62	
C50	42.5	5~31.5	160~180	191	481	612	1042	98.43	11.58	大型预应力构件、高层结构关键部位等

图 11.19　常用混凝土配合比参考表示意图

第十二章　简单材料预算及其他计算知识

一、建筑面积计算规则

单层建筑不论高，带有楼层加算好。

高低联跨如单算，高跨尺寸算外包。

多层建筑各层加，底层勒脚以上找。

地下建筑算外围，细处规定别漏掉。

深基础作架空层，二点二米一半要。

建筑物内技术层，二点二米全数要。

第十二章　简单材料预算及其他计算知识

一、建筑面积计算规则

有柱雨篷量柱外，独柱雨篷一半小。

图书馆库按架层，自然层找是井道。

通道大厅和门厅，按一层算不论高。

结构内阳台全算，结构之外一半小。

其他面积要算对，计算规则可查找。

第十二章　简单材料预算及其他计算知识

二、钢筋理论重量速算法

钢筋直径自相乘，
单位厘米记得清。
再乘零点六一七，
就是每米公斤重。

钢筋直径平方，
单位厘米好想，
再乘点六一七，
每米公斤重量。

钢筋直径大一倍，
每米重量成四倍，
记熟常用钢筋值，
扩大缩小甭查背。

序号	名称	型号	单位	数值
1	钢筋	Φ6	kg/m	0.222
2	钢筋	Φ8	kg/m	0.3950
3	钢筋	Φ10	kg/m	0.6169
4	钢筋	Φ12	kg/m	0.8880
5	钢筋	Φ14	kg/m	1.21
6	钢筋	Φ16	kg/m	1.5800
7	钢筋	Φ18	kg/m	2
8	钢筋	Φ20	kg/m	2.4700
9	钢筋	Φ22	kg/m	2.98
10	钢筋	Φ25	kg/m	3.8500
11	钢筋	Φ28	kg/m	4.8300
12	钢筋	Φ32	kg/m	6.3100
13	钢筋	Φ36	kg/m	7.9900
14	钢筋	Φ40	kg/m	9.8700
15	钢筋	Φ50	kg/m	15.42

图 12.1　钢筋理论重量计算表示意图

第十二章　简单材料预算及其他计算知识

三、钢铁理论重量通算

（一）熟钢铁重量通算

熟铁七千八，

钢材增五零。

体积立方米，

重量公斤称。

体积乘容重，

不用过磅称。

第十二章　简单材料预算及其他计算知识

（二）钢板重量通算

面积是一平方米，

厚度要按毫米计，

七点八五乘厚度，

就是重量公斤数。

第十二章　简单材料预算及其他计算知识

（三）方钢重量通算

方钢边长自相乘，

单位厘米要记清。

再乘零点七八五，

就是每米公斤重。

第十二章　简单材料预算及其他计算知识

（四）扁钢重量通算

宽度厚度两相乘，

单位厘米要记清。

乘上零点七八五，

就是每米公斤重。

第十二章　简单材料预算及其他计算知识

四、一立方米毛石砌体用料估算

毛石砌体一立方，
毛石要用一方三。
零点四方砂浆数，
筛砂石子抛一边。
毛砂要用一方二，
配比出自设计员。

第十二章　简单材料预算及其他计算知识

五、一立方米砖砌体用料估算

立方砖墙五百三，

上下不差几块砖。

立方砂浆砌四方，

不用去找预算员。

第十二章　简单材料预算及其他计算知识

六、以影求立竿高度

一根立竿不知高，

可量日影是多少。

再量一米高物影，

两影相除就知道。

第二篇

建筑工程监理常识

第十三章　监理主要内容

监理工作要开展，主要内容把好关。[1]

研究项目可行性，设计方案要优选。

设计施工定单位，协助业主认真选。

设计文件审查好，三控两管和一调。

监理工作有权限，委托合同要订全。

施工阶段监理好，认真落实本规范。

---

[1] 监理工作的主要内容：是控制工程建设的投资、建设工期和工程质量，进行工程建设合同管理和信息管理，协调有关单位的工作关系，通称的"三控两管一协调"。

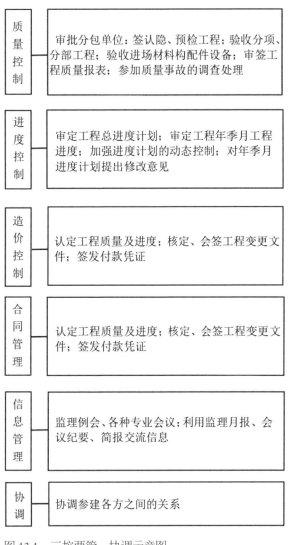

质量控制	审批分包单位；签认隐、预检工程；验收分项、分部工程；验收进场材料构配件设备；审签工程质量报表；参加质量事故的调查处理
进度控制	审定工程总进度计划；审定工程年季月工程进度；加强进度计划的动态控制；对年季月进度计划提出修改意见
造价控制	认定工程质量及进度；核定、会签工程变更文件；签发付款凭证
合同管理	认定工程质量及进度；核定、会签工程变更文件；签发付款凭证
信息管理	监理例会、各种专业会议；利用监理月报、会议纪要、简报交流信息
协调	协调参建各方之间的关系

图 13.1 三控两管一协调示意图

第十四章　监理规范总则

规范监理行为，依据监理规范。

新建扩建改建，三类工程都监。

设备采购制造，也须严格把关。

实施工程监理，委托合同在先。

质量造价进度，控制监理全面。

业主承包双方，有关业务找监。[①]

---

① 实施建设工程监理前，建设单位应委托具有相应资质的工程监理单位，并以书面形式与工程监理单位订立建设工程监理合同，合同中应包括监理工作的范围、内容、服务期限和酬金，以及双方的义务、违约责任等相关条款。在订立建设工程监理合同时，建设单位将勘察、设计、保修阶段等相关服务一并委托的，应在合同中明确相关服务的工作范围、内容、服务期限和酬金等相关条款。工程开工前，建设单位应将工程监理单位的名称，监理的范围、内容和权限及总监理工程师的姓名书面通知施工单位。

第十四章　监理规范总则

建设工程监理，负责制是总监。

公正独立自主，监理工作开展。

维护双方权益，合法不受侵犯。

强制标准规范，同样严格把关。

规范总则掌握，工作才能开展。[①]

---

① 在建设工程监理工作范围内，建设单位与施工单位之间涉及施工合同的联合活动，应通过工程监理单位进行。实施建设工程监理应遵循下列主要依据：法律法规及工程建设标准、建设工程勘察设计文件、建设工程监理合同及其他合同文件、建设工程监理应实行总监理工程师负责制、建设工程监理宜实施信息化管理。工程监理单位应公平、独立、诚信、科学地开展建设工程监理与相关服务活动。建设工程监理与相关服务活动，除应符合本规范外，尚应符合国家现行有关标准的规定。

第十五章　监理规范术语

监理规范要掌握，术语首先记心间。

项目监理机构设，委托合同订在先。

注册监理工程师，执业资格证书全。

法人派出总监理，主持工作要全面。

监理工程师代表，行使总监部分权。

专业监理工程师，专业文件有权签。

培训上岗监理员，相关工作具体干。[①]

---

① 监理工程师是取得国家监理工程师执业资格证书并经注册的监理人员。总监理工程师是由监理单位法定代表人书面授权，全面负责委托监理合同的履行，主持项目监理机构工作的监理工程师。监理工程师代表是经监理单位法定代表人同意，由总监理工程师书面授权，代表总监理工程师行使其部分职责和权力的项目监理机构中的监理工程师。专业监理工程师是根据项目监理岗位职责分工和总监理工程师的指令，负责实施某一专业或某一方面的监理工作，具有相应监理文件签发权的监理工程师。监理员是经过监理业务培训，具有同类工程相关专业知识，从事具体监理工作的监理人员。

第十五章　监理规范术语

监理机构四大员，责任明确有权限。

监理规划作指导，实施细则具体办。

三控两管一协调，工地例会各方参。

工程变更按程序，签证完备方可干。

已完工程须计量，承包方报监理验。

工序见证全过程，关键部位要旁站。

监理人员常巡视，时间掌握现场看。[①]

---

① 监理规划是在总监理工程师的主持下编制、经监理单位技术负责人批准，用来指导项目监理机构全面开展监理工作的指导性文件。监理实施细则是根据监理规划，由专业监理工程师编写，并经总监理工程师批准，针对工程项目中某一专业或某一方面监理工作的操作性文件。工地例会是由项目监理机构主持的，在工程实施过程中针对工程质量、造价、进度、合同管理等事宜定期召开的、由有关单位参加的会议。工程变更是在工程项目实施过程中，按照合同约定的程序对部分或全部工程在材料、工艺、功能、构造、尺寸、技术指标、工程数量及施工方法等方面做出的改变。

第十五章　监理规范术语

承包单位自检好，平行检验有手段。

设备监造靠合同，制造过程监督办。

费用索赔要发生，手续通过监理办。

临时延期要批准，批准文件总监签。

延期批准要实施，最终决定是总监。

监理术语十九条，具体定义看规范。

术语含义掌握住，用词准确不乱谈。[①]

---

① 平行检验项目监理机构利用一定的检查或检测手段，在承包单位自检的基础上，按照一定
的比例独立进行检查或检测活动。设备监造监理单位依据委托监理合同和设备订货合同对
设备制造过程进行监督活动。费用索赔根据承包合同的约定，合同一方因另一方原因造成
本方经济损失，通过监理工程师向对方索取费用。临时延期批准为当发生非承包单位原因
造成的持续性影响工期的事件，总监理工程师所做出暂时延长合同工期的批准。延期批准
为当发生非承包单位原因造成的持续性影响工期事件，总监理工程师所做出的最终延长合
同工期的批准。

第十六章　项目监理机构

项目监理机构设，三种岗员先配好。

总监专监监理员，总监代表看需要。

合同签订十天内，监理机构须设好。

中间需要作调整，业主同意书面报。

委托合同完成后，监理机构才撤销。[①]

[①] 监理单位依据监理合同派驻工程现场，有监理人员及其他工作人员组成，全面履行监理合同的机构。项目监理机构是一次性的，在完成委托监理合同约定的监理工作后即撤销。

第十七章　监理人员职责

总监工作重要，一项合同最好。

业主单位同意，最多三项别超。

总监职责明确，规定一十二条。

确定人员分工，岗位责任明了。

主持编写规划，审批细则可否。

审查分包资格，提出意见参照。

监督下属工作，人员进行换调。

主持监理会议，文件指令签好。

审查施工方案，审定开工报告。[①]

---

① 确定醒目监理机构人员的分工和岗位职责。主持编写项目监理规划，审批项目监理实施细则并负责管理项目监理机构的日常工作。审查分包单位的资质，并提出审查意见。检查和监督监理人员的工作，根据工程项目的进展情况，可进行监理人员调度，对不称职的监理人员应调换其工作。主持监理工作会议，签发项目监理机构的文件和指令。审定承包单位提交的开工报告、施工组织设计、技术方案、进度计划。

第十七章　监理人员职责

审查工程变更，结算付款审好。

质量事故调查，主持参与办好。

处理索赔延期，合同争议协调。

组织编写签发，监理工作月报。

分部单位工程，签认质量资料。

组织参与竣验，审查竣工资料。

主持整理审定，项目监理资料。

总监岗位重要，知识越多越好。[①]

---

① 审核签署承包单位的申请、支付证书和竣工结算。审查和处理工程变更。主持和参与工程
质量事故的调查。调解建设单位与承包单位的合同争议，处理索赔，审批工程延期。组织
编写并签发监理月报、监理工作阶段报告、专题报告和项目监理工作总结。审核签认分部
工程和单位工程的质量检验评定资料，审查承包单位的竣工申请，组织监理人员对待验收
的工程项目进行质量检查，参与工程项目的竣工验收。主持整理工程项目的监理资料。

第十七章　监理人员职责

总监代表靠授权，工作范围有界限。

总监部分权与责，按照授权代理办。

规划细则无权批，开工复工也别签。

纠纷不用去办理，结算不用去审签。

监理人员须调换，报请总监他来办。[①]

[①] 负责管理监理部门的日常工作，检查督促监理人员的工作，查验监理日记。主持监理工作会议、签发总监理工程师授权范围内的项目监理部门的文件和指令。审查承包单位提交的施工组织设计、技术方案、进度计划等。审查和处理工程变更。主持或参与工程质量事故的调查。审核签订分部工程和单位工程的质量验收资料，组织对待验收的工程项目进行质量检查，参与工程项目的竣工验收。主持整理工程项目的监理资料。完成公司和总监理工程师交办的其他工作。

第十七章　监理人员职责

专业监理工程师，十项职责记心间。

专业细则须编制，专业监理主持办。

审查本专业分包，提交总监把字签。

指导监督监理员，人员调整报总监。

分项验收字签准，严格把好隐蔽关。[①]

---

① 负责编制本专业的监理细则。负责本专业监理工作的具体实施。组织指导检查和监督本专业监理员的工作，当人员需要调整时，向总监理工程师提出建议。审查承包人提交的涉及本专业的计划方案、申请、变更，并向总监理工程师或驻地监理工程师提出报告。日常巡视、旁站、抽查，并做好记录。

第十七章 监理人员职责

工作定期做汇报，重大问题报总监。

监理日记天天写，真实记录别虚填。

资料收集整理好，监理月报参与编。

设备材料查质量，达到合格方认签。

工程计量要做好，审核真实备结算。

专业监理把好关，整体工程多贡献。[①]

---

① 定期向总监理工程师或驻地监理工程师提交本专业监理工作实施情况报告，对重大问题及时向总监理工程师和驻地监理工程师汇报和请示。根据本专业监理工作实施情况做好监理记录。负责本专业监理资料的收集，汇总及整理，参与编写监理月报。核查进场材料设备，构配件的原始凭证检测报告等质量证明及其质量情况，根据实际情况合格签认。负责本专业的工程计量工作，审核工程计量的数据和原始凭证。

第十七章　监理人员职责

专业监理员，现场具体管。

人材和设备，逐项仔细检。

工程量计审，复核凭证签。

工艺和工序，过程记录全。

旁站工作干，日记写每天。

工作不怕累，干好监理员。[①]

---

① 在专业监理工程师的指导下开展现场监理工作。检查承包单位投入工程项目的人力、材料、主要设备及其使用、运行状况，并做好检查记录。复核或从施工现场直接获取工程计量的有关数据并签署原始凭证。按设计图纸及有关标准，对承包单位的工艺过程或施工工序进行检查和记录，对加工制作及工序施工质量检查结果进行记录。进行旁站监理工作，并做好记录，发现问题及时指出并向专业监理工程师报告。做好监理日记，文件记录做到重点详细、及时完整。

第十八章　监理规划

工程监理有规划，每个项目都要编。

监理合同签订后，再把监理规划编。

监理技术负责人，审核规划把字签。

首次工地例会前，必须报送业主看。

项目总监来主持，专业监理师参编。

编制规划有依据，合同大纲和规范。

法律法规与资料，相关文件要齐全。[1]

---

[1] 监理规划应在签订委托监理合同及收到设计文件后开始编制，完成后必须经监理单位技术负责人审核批准，并应在召开第一次工地会议前报送建设单位。监理规划应由总监理工程师主持、专业监理工程师参加编制。编制规划依据：建设工程的相关法律及项目审批文件；与建设工程项目有关的标准。设计文件、技术资料。监理大纲，委托监理合同文件以及与建设工程项目相关的合同文件。

第十八章　监理规划

编制规划有程序，总监组织专监办。

规划内容十二条，项目概况先介绍。

监理范围四阶段，施工阶段最重要。

监理内容五大项，三控两管一协调。

监理目标三大项，工程造价和质量。

监理依据凭文件，合同法律和规范。[①]

---

① 工程项目概况。监理工作范围、监理工作内容、监理工作目标、监理工作依据。项目监理
机构的组织形式、项目监理机构的人员配备、项目监理机构的人员岗位职责。监理工作程
序。监理工作方法及措施。施工现场安全、卫生监理工作。监理设施。

第十八章 监理规划

监理机构有四种，直线责任制常用。

人员计划看需要，合理配备并协调。

监理岗位责任制，责权分明落实好。

监理工作按程序，上下工序莫颠倒。

工作方法及措施，旁站监督巡视到。

监理工作制度严，例会隐检竣工验。

监理制度要上墙，互相监督不出偏。

监理设施配备好，办公条件要完善。

监理规划编制好，指导监理有条件。[①]

---

① 监理规划是在总监理工程师的主持下编制，经监理单位技术负责人批准，用来指导项目监理机构全面开展监理工作的指导性文件。旁站在关键部位或关键工序施工过程中，由监理人员在现场进行监督活动。巡视监理人员对正在施工的部位或工序在现场进行定期或不定期的监督活动。

第十九章　监理实施细则

监理实施细则编，先把工程规模观。

中型以上和中型，专业性强都要编。

监理规划作指导，针对专业写特点。

详细具体可操作，监理工作好开展。

专业监理师编制，总监批准把字签。

编制细则有依据，监理规划看在先。

专业工程查标准，相关资料和文件。[1]

---

[1] 监理实施细则是根据监理规划，由专业监理工程师编写，并经总监理工程师批准，针对工程项目中某一专业或某一方面监理工作的操作性文件。

第十九章　监理实施细则

施工单位报资料，施工方案批准件。

细则内容有四条，专业特点最重要。

工作流程要严格，监理步骤不乱套。

控制要点目标值，严格掌握须达到。

工作方法及措施，巡视旁站结合好。

监理细则要调整，先向总监打报告。^①

---

① 监理实施细则内容：专业工程特点、监理工程流程、监理工作控制要点及目标、监理工作方法及措施。

第二十章　监理程序

监理工作程序严，按部就班好开展。

工程项目有特点，监理程序要体现。

事先主动两控制，注重效果最关键。

工作内容要明确，行为主体要体现。

考核标准要明细，确定工作有时限。

涉及发包承包方，两种合同莫违犯。

程序实施有变化，及时调整和完善。

执行程序要严格，不经批准不能变。[①]

[①] 委派具有丰富监理经验的监理工程师担任项目总监，并针对本项目特点召集相关专业方面的监理人员组成项目班子。派驻现场的监理人员应持证上岗、专业配套、人员按合同规定及时到位。按照《建设工程监理规范》GB/T 50319—2013 要求及《施工监理合同》开展各项监理工作，按制工程质量，管理建设工程合同，协调建设单位与工程建设有关各方关系。按照本工程特点和要求分阶段编制监理实施细则。严格执行国家、行业、地方法规和制度。

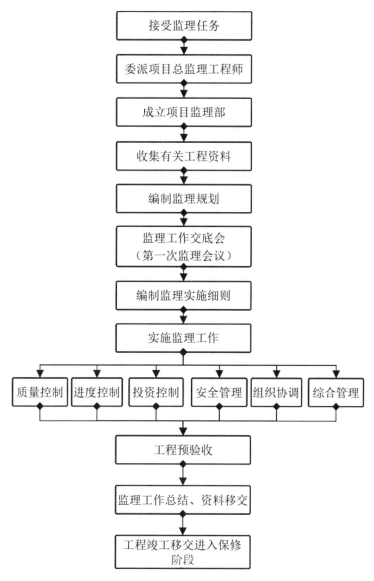

图 20.1　监理工作程序流程图

第二十一章　施工准备阶段监理工作

工程项目开工前，准备阶段严把关。

工程设计交底前，熟悉图纸和文件。

发现问题找业主，书面提交设计员。

参加设计交底会，纪要认可总监签。[①]

[①] 总监理工程师应组织专业监理工程师认真学习设计图纸，领会设计意图。专业监理工程师
审核施工图设计深度能否满足施工要求，施工图要符合规范及有关标准的要求，要与地质
勘探报告及现场实际情况符合。图纸会审过程中各专业监理工程师应注意各专业图纸之间
是否存在矛盾，布置是否合理。

第二十一章 施工准备阶段监理工作

工程项目开工前，审查施工看方案。

总监审核并签认，报送建设单位看。

工程项目开工前，两管一保体系建。

机构制度上岗证，总监确认把字签。[①]

---

① 施工组织设计或施工方案是否经承包单位上级技术管理部门审批。施工方案是否切实可行
（结合工程特点和工地环境）。主要的技术措施是否符合规范的要求，是否齐全。

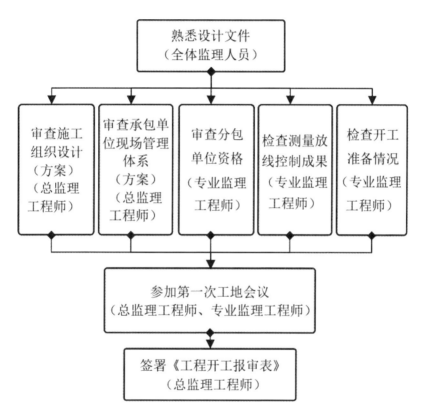

图 21.1　施工准备阶段监理工作总程序流程图

分包工程开工前，资料先过专监关。

专业监理师同意，再报总监把字签。

审查分包四内容，营业执照许可证。

分包业绩有哪些，拟包范围和内容。

干部要有资格证，工人上岗凭证件。[①]

---

① 工程分包应征得建设单位同意，其资格由监理工程师进行审核。审核分包单位的营业执照、
企业资质等级证书、特殊行业施工许可证、国外（境外）企业在国内承包工程许可证；分
包单位的业绩；拟分包工程的内容和范围；专职管理人员和特种作业人员的资格证、上岗
证。施工合同中已指明分包单位，其资质在招标时已经过审核，承包单位可不报审，但其
管理人员和特种作业人员资格证、上岗证应报审。

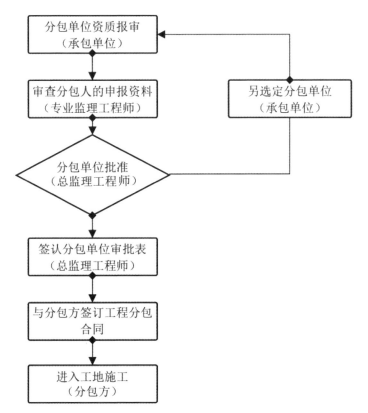

图 21.2 分包单位资格审核工作程序流程图

现场专业监理师，测量放线要复验。

高程管网控制桩，措施保护水准点。

逐项检查不漏项，人员设备看证件。

工程开工须报审，许可证书获批准。

人材机具已进场，三通一平设通信。

开工条件审查好，报送总监来签认。[①]

---

① 参加设计交底、审查施工组织设计方案；审查承包单位现场管理体系、审查分包单位资格、测量放线控制成果等程序。审查开工准备情况要注意以下事项：施工许可已获政府主管部门批准，施工组织设计已获总监批准，承包单位人员、机具已到位，主要建筑材料已落实，进场道路及水、电、通信已满足开工要求。

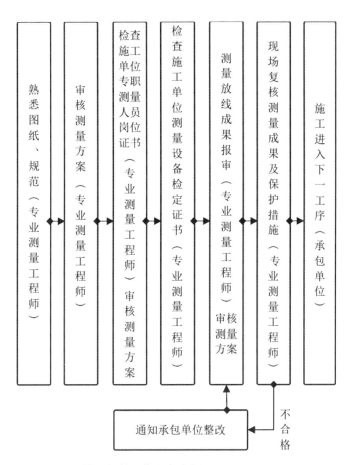

图 21.3　测量放线控制工作程序流程图

工程项目开工前，首次例会内容全。

甲方乙方监理方，人员机构介绍全。

业主授权总监理，委托合同订条款。

开工准备业主讲，施工方案乙方谈。

业主总监提要求，乙方记好听意见。[1]

---

[1] 施工前认真审阅工程图纸、设计说明，就工程图纸中的问题与建设单位及设计院沟通，充分理解建设单位意图和设计思想，提出建议，对工程功能及系统组成做到全面、深入的了解和掌握。第一次工地会议纪要应由监理项目部起草，并经与会各方代表会签。

第二十一章　施工准备阶段监理工作

监理规划总监讲，三方配合好实践。

工地例会订周期，三方各自定人员。

首次例会作纪要，监理起草各方签。

施工阶段准备多，工作做在开工前。

监理工作把关细，后续工作好开展。[①]

---

① 总监理工程师应组织监理人员参加第一次工地会议，并介绍监理项目部的组织机构、人员及其分工，并对施工准备情况提出意见和要求。

第二十二章　工地例会

工地例会定期开，总监主持各方到。

主要内容有五项，三控两管一协调。

上次例会落实况，未完事项原因找。

本次例会有啥事，制定措施落实好。

专题会议及时开，总监专监看需要。

会议纪要监方写，各方签字保存好。[1]

---

[1] 工地例会是由项目监理机构主持的，在工程实施过程中针对工程质量、造价、进度、合同管理等事宜定期召开的，有监理工程师及有关监理人员、承包商的授权代表、业主或业主代表及有关人员参加的会议。

第二十三章 工程质量控制

重要部位严把关，施工方案要调整。

专监审查总监签，四新事项如采用。

审查论证好认签，测量放线要复核。

承包方设试验室，专监核查五方面。

试验范围资质级，计量法定部门检。①

---

① 工程质量控制是指为保证和提高工程质量，运用一整套质量管理体系、手段和方法所进行的系统管理活动。

第二十三章　工程质量控制

管理制度要符合，持证上岗试验员。

受监工程试验项，目的要求要写全。

材料设备应报审，见证取样平行检。

瞒检漏检不合格，撤出通知要全面。

计量设备定期查，计量不准留隐患。

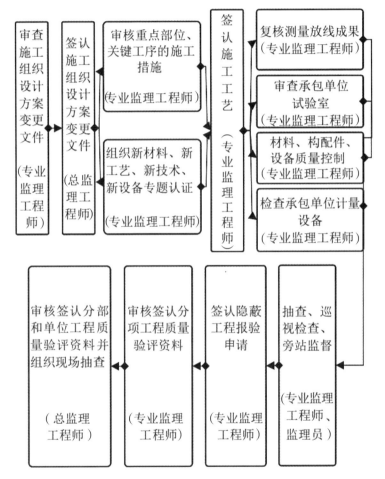

图 23.1 质量控制工作总程序流程图

第二十三章　工程质量控制

巡视检查专监办，总监安排莫等闲。

重要部位要旁站，专监安排监理员。

隐蔽工程报验表，专监检查把字签。

上道工序不认可，下道工序不准干。

分项工程专监核，分部工程总监签。

质量缺陷一出现，专监把好整改关。[①]

---

① 监理员必须按监理细则要求对施工现场进行旁站监理，专业监理工程师根据监理规划要求对现场进行巡视检查。关键部位的操作是否符合规范的要求，质量是否合格。专业监理工程师在巡视检查中，要对工程实物质量进行抽查，并留下记录。

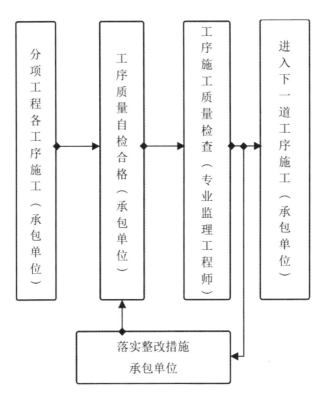

图 23.2　旁站检查工作程序流程图

第二十三章　工程质量控制

重大隐患报总监，暂停施工要果断。

停工复工书面文，报告业主手续先。

返工处理或加固，总监指令乙方办。

调查报告设计员，相关单位审方案。

处理过程跟踪查，总监认可存档案。

质量控制工作多，百年大计第一关。[①]

———————————

① 工程质量重大隐患凡涉及改变结构，改变使用功能，必须经设计单位及建设单位同意，并签署意见。总监理工程师应对方案提出的措施、验收方法提出审核意见。总监理工程师下达工程暂停令和签署工程复工报审表，宜事先报建设单位。

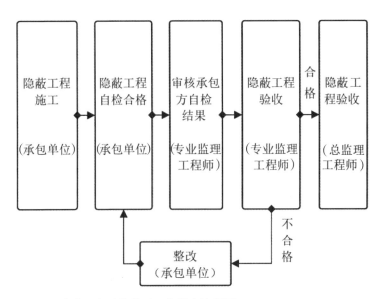

图 23.3　隐蔽工程验收监理工作程序流程图

第二十四章　工程造价控制

造价控制要细心，甲乙双方最关心。

分项合格计方量，乙方报数专监审。

支付款额报申请，专监审核细又准。

总监审定签凭证，报于业主支现金。[①]

竣工结算程序严，乙方报表专监审。

总监审定三方商，最终价款数额准。

造价控制有目标，风险分析谱打稳。

防范对策要准确，合同条款严遵循。

---

① 按合同文件所规定方法、范围、内容、单位计量。复核已完工程量，签署工程款付款凭证。专业监理工程师收到支付申请后，从以下方面进行确认：工程支付申报和审批工作期限应符合合同有关条款要求；申请中所涉及表格形式和内容应经监理工程师认可。

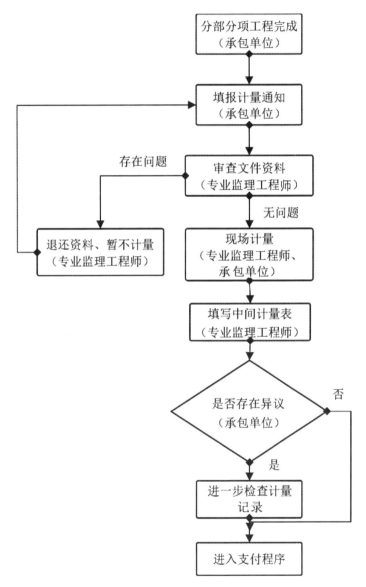

图 24.1 工程计量工作程序流程图

第二十四章　工程造价控制

工程变更造价变，变更价款提前审。

工程计量有规则，支款依据合同准。

监理月报工程量，实完计划两相分。

分析调整订措施，报于业主掌握准。

费用索赔提证据，专监收集资料准。

竣工价款有争议，先调后讼法律分。

工程先验后结算，超出合同不为准。

工程造价控制好，甲乙双方都放心。[1]

---

[1] 按施工合同约定的工程量计算规则和支付条款进行工程量计算和工程款支付。建立月完成工程量和工作量统计表，对实际完成量和计划完成量进行比较、分析，制定调整措施。收集、整理有关的施工和监理资料，为处理费用索赔提供依据。按施工合同的有关规定进行竣工结算，对竣工结算的价款总额与建设单位和承包单位进行协商。

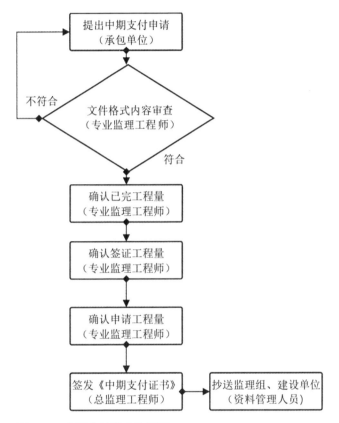

图 24.2　中期支付程序流程图

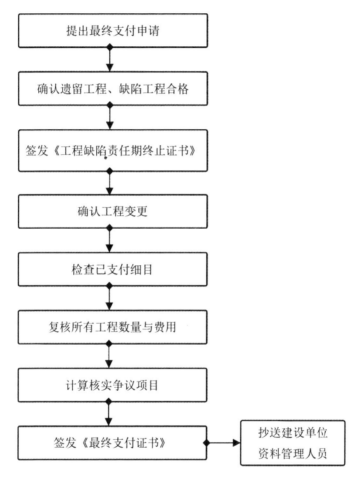

图 24.3　最终支付程序流程图

第二十五章　工程进度控制

工程进度控制严，多快好省都喜欢。

进度控制按程序，施工计划总监签。

遵循合同工期订，乙方编好报总监。

实施情况专监查，进度滞后快纠偏。

目标控制有风险，制定对策早防范。[1]

---

[1] 承包单位应根据工程进展情况分别编制总体进度计划、年度进度计划，关键工程进度计划以及阶段性进度计划，并分别报监理审批。

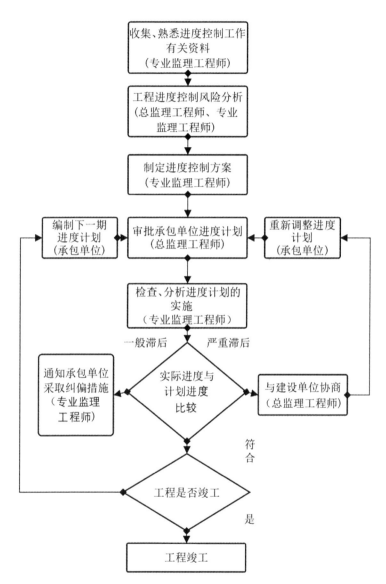

图 25.1 工程进度控制工作总程序流程图

第二十五章　工程进度控制

总监审定报业主，
措施监督乙方办。
严重滞后报业主，
监理业主商措严。
业主原因拖工期，
索赔建议总监参。
工程进度早控制，
按期竣工不算难。
影响进度因素多，
综合协调莫等闲。

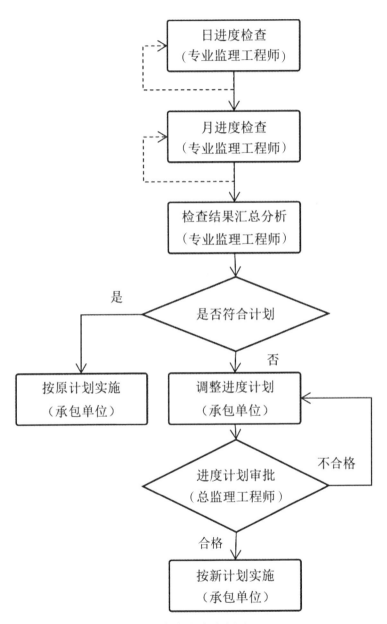

图 25.2　工程进度计划检查与控制程序流程图

第二十六章　竣工验收

竣工验收程序严，总监组织专监办。

法律法规和图纸，强制标准更要看。

有关资料乙方报，总监专监把严关。

总监组织预验收，存在问题要改完。

签署竣工报验单，评估报告总监办。[①]

---

① 施工单位对竣工工程进行检查，确认工程质量符合有关法律、法规和工程建设强制性标准，符合设计文件及合同要求，并提出竣工报告，此报告应该有总监理工程师、项目经理和施工单位有关负责人签字。建设单位在收到施工单位提交的工程竣工报告后，并完成了工程设计和合同约定的各项内容，方可组织勘察、设计、施工、监理等单位有关人员进行竣工验收。

第二十六章　竣工验收

监理技术负责人，也要审核把字签。

业主组织来验收，监理机构资料全。

质量问题乙方改，整改合格才能验。

工程质量达标准，验收报告各方签。

质量评定要准确，公正科学别出偏。

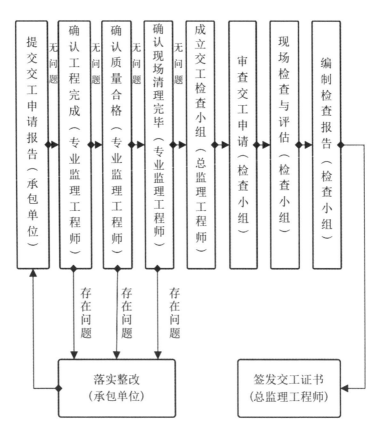

图 26.1　竣工验收流程图

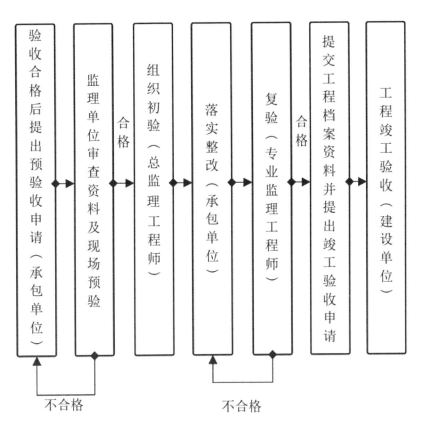

图 26.2　单位工程验收工作程序流程图

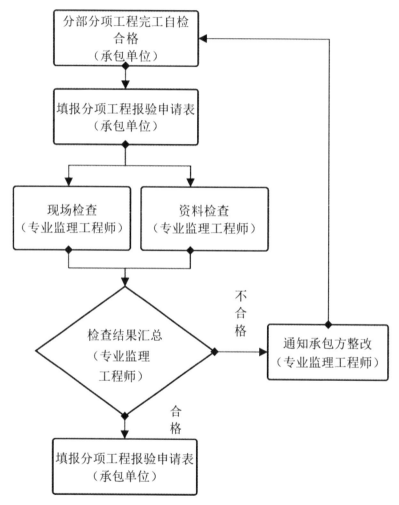

图 26.3　分项工程验收工作程序流程图

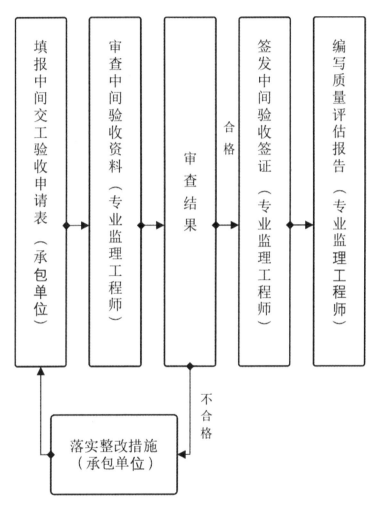

图 26.4　分部工程验收工作程序流程图

第二十七章　质量保修

保修期内质量事，合同委托可受理。

质量问题业主提，监理核查记仔细。

承包单位修复好，检验合格出证据。

原因归属定明确，谁的责任钱谁出。[①]

[①] 监理单位应依据委托监理合同约定的工程质量保修期监理工作的时间、范围和内容开展工作。承担质量保修期监理工作时，监理单位应安排监理人员对建设单位提出的工程质量缺陷进行检查和记录，对承包单位进行修复的工程质量进行验收，合格后予以签认。监理人员应对工程质量缺陷原因进行调差分析并确定责任归属，对非承包单位因造成的工程质量缺陷，监理人员应核实修复工程的费用和签署工程款支付证书，并报建设单位。

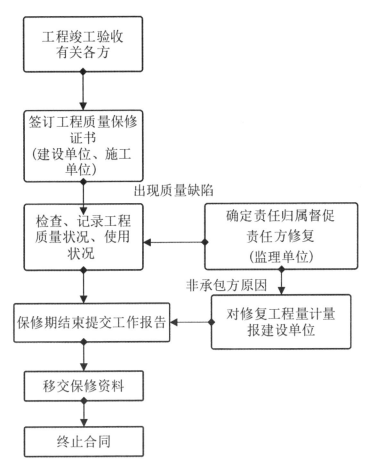

图 27.1 工程质量保修期监理流程图

第二十八章　工程暂停及复工

工程暂停及复工，总监权力签指令。

影响范围和深度，签令按照两合同。

五种情况具其一，总监可签停工令。

业主要求看需要，为保质量必须停。

安全隐患出现后，为除隐患须停工。

紧急事件如发生，当机立断快停工。

擅自施工不允许，拒绝监理也停工。[①]

停工范围要准确，签发指令应慎重。

停工原因非乙方，总监签证记实情。

停工原因属乙方，恢复施工要申请。

复工条件已具备，及时签署复工令。

停工费用哪方出，复工之前审查清。

暂停之令别轻下，以免浪费钱和工。[②]

---

① 工程暂停令签发前，总监理工程师应首先征求业主的意见，并就工程暂停后引起的工期和费用问题向建设单位提供初步处理建议。工程暂停令必须明确停工原因和范围，避免承包单位提出不必要的工程索赔。

② 工程暂停期间，总监应安排专业监理工程师记录现场发生的各类情况，便于日后处理合同争议。工程暂停令和复工通知必须由总理工程师签发，不得授权其他监理人员完成。

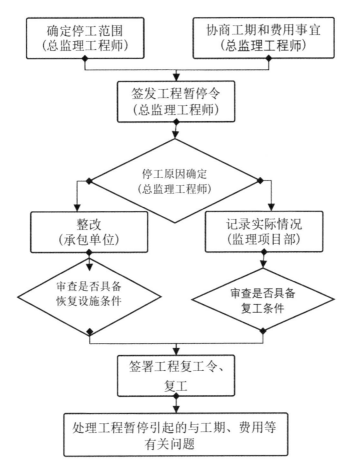

图 28.1　工程暂停及复工流程图

第二十九章　工程变更管理

工程变更有规定，六条程序依次行。

设计缺陷如存在，设计单位出变更。

甲乙双方提变更，提交总监审查明。

审查同意交业主，转交设计单位定。

涉及安全与环保，送交有关单位定。

工程变更相关事，监理收集了解清。[1]

---

[1] 设计单位对原设计存在的缺陷提出的工程变更，应编制设计变更文件。

第二十九章　工程变更管理

工期费用做评估，三种情况要搞清。

变更程度难易度，方量价款要确定。

费用工期评估后，再与双方来商定。

总监签发变更单，监督承包方施工。

处理变更有要求，三种情况权限明。

业主授权总监办，商妥以后双方定。[①]

---

① 建设单位或承包单位提出的工程变更，应提交总监理工程师，有总监理工程师组织专业监理工程师审查。审查同意后，应由建设单位转交设计单位编制设计变更文件。

第二十九章　工程变更管理

权力不授双方谈，总监协助办公平。

双方协议未达成，价格监理方暂定。

临时付款依此据，最终价款双方成。

总监不把变更签，乙方不准去变更。

变更不经总监签，工程计量不认定。

工程变更严管理，保证工程好施工。[①]

---

① 当工程变更涉及安全、环保等内容时，应按规定经有关部门审定。

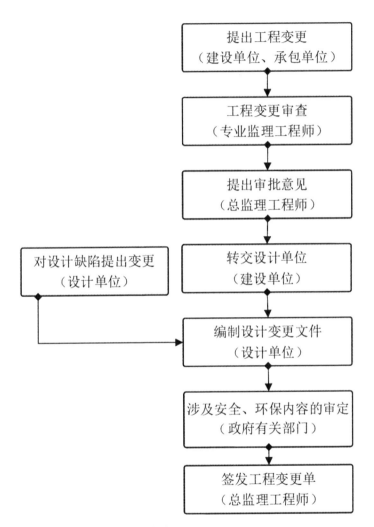

图 29.1　工程变更工作程序流程图

第三十章　费用索赔处理

费用索赔有依据，合同法律和法规。

标准规范和定额，有关凭证要具备。

索赔理由有三条，同时满足方可赔。

承包单位经济损，并非承包方责任。

按照程序提申请，索赔凭证资料真。

处理索赔按程序，监理公正来查审。

索赔程序有六条，乙方先把通知交。

索赔资料专监查，乙方再把申请报。^①

---

① 费用索赔是根据承包合同的约定，合同一方因另一方原因造成本方经济损失，通过监理工
程师向对方索取费用的活动。

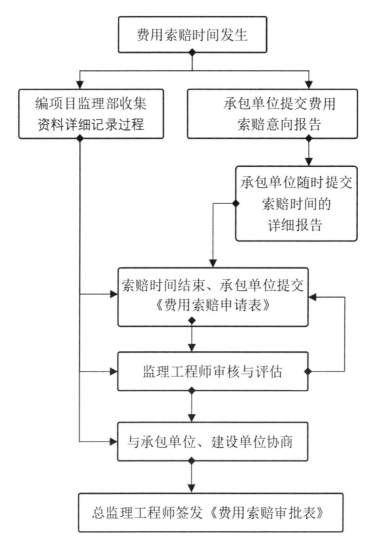

图 30.1　费用索赔处理流程图

第三十章　费用索赔处理

总监先审后受理，初定额度再商讨。

总监签署有期限，详细资料乙方报。

三方协商定了价，记录在案落实好。

索赔同时延工期，总监综合决定好。

乙方造成甲方损，总监公正处理好。

组织双方来协商，及时答复案定了。

费用索赔易发生，尽量避免和减少。

甲乙双方工作细，防患未然是目标。

第三十一章　工程延期及延误

工程延期有规定，符合条件就受理。

阶段延期临时批，最终延期最终批。

批准之前先协商，协商办法看监理。

延期时间按合同，量化程度要分析。

延期造成之索赔，按照索赔程序理。

乙方延期工期超，损失赔偿乙方出。

延期延误两概念，责任明确好处理。[①]

[①] 工期延期是工程延期或工期延误，是指工程实施过程中任何一项或多项工作的实际完成日期迟于计划规定的完成日期，从而可能导致整个合同工期的延期。工程延期：由于非施工单位原因造成合同工期延长的时间。工期延误：由于施工单位自身原因造成施工期延长的时间。工期临时延期批准：发生非施工单位原因造成的持续性影响工期事件时所做出的临时延长合同工期的批准。工程最终延期批准：发生非施工单位原因造成的持续性影响工期事件时所做出的最终延长合同工期的批准。

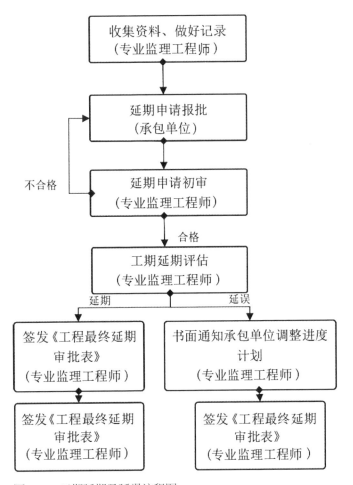

图 31.1 工期延期及延误流程图

第三十二章　合同争议调解

合同争议若发生，及时公正来处理。

调解要求接到手，五项工作要仔细。

调查取证情况全，双方磋商要及时。

调解方案监理提，总监调解不能替。

调解不成提意见，不能超出合同期。

争议调解过程中，原定合同先履行。

施工合同要暂停，符合条件有规定。

处理决定总监签，没有意见要执行。

争议仲裁或诉讼，监理证据要公正。①

---

① 项目监理机构处理施工合同争议时应进行下列工作：了解合同争议情况；及时与合同争议双方进行磋商；提出处理方案后，由总监理工程师进行协调；当双方未能达成一致时，总监理工程师应提出处理合同争议的意见；项目监理机构在施工合同争议处理过程中，对未达到施工合同约定的暂停履行合同条件的，应要求施工合同双方继续履行合同；在施工合同争议的仲裁或诉讼过程中，项目监理机构应按仲裁机关或法院要求提供与争议有关的证据。

第三十三章　合同解除

施工合同要解除，法律程序严依据。

业主违约合同停，款项处理找监理。

承包单位应得款，六种款项算仔细。

已完方量应得款，按实计取业主支。

计划采购设备料，款项支出属业主。

撤离遣返两项费，各方协商定合理。

违约金额业主出，利润补偿要合理。[①]

[①] 因建设单位原因导致施工合同解除时，项目监理机构应按施工合同约定于建设单位和施工单位从以下款项中协商确定施工单位应得款项，并签认工程款支付证书：（1）施工单位按施工合同约定已完成的工作应得款项；（2）施工单位按批准的采购计划订购工程材料、构配件、设备的款项；（3）施工单位撤离施工设备至原基地或其他目的地的合理费用；（4）施工单位人员的合理遣返费用；（5）施工单位合理的利润补偿；（6）施工合同约定的建设单位应支付的违约金。

第三十三章　合同解除

监方核数再协商，三方签字成协议。

承包单位违约停，双方款项要算清。

处理程序有五条，监理主持要公平。

检查方量和款项，剩余工料要算清。

移交验收算费用，违约金额查合同。

两项费用要协商，总监主持按规定。

不可抗力之停工，监理处理凭合同。

合同解除须慎重，执行程序要严明。①

---

① 因施工单位原因导致施工合同解除时，项目监理机构应按施工合同约定，从以下款项中确定施工单位应得款项或偿还建设单位的款项，并应与建设单位和施工单位协商后，书面提交施工单位应得款项或偿还建设单位款项的证明：（1）施工单位已按施工合同约定实际完成的工作应得款项和已给付的款项；（2）对已完工程进行检查和验收、移交工程资料、修复已完工程质量缺陷等所需的费用；（3）施工合同约定的施工单位应支付的违约金。因非建设单位、施工单位原因导致施工合同解除时，项目监理机构应按施工合同约定处理合同解除后的有关事宜。

第三十四章　监理月报内容

月报内容七大项，顺序内容别乱放。

工程概况填本月，工程进度看形象。

做完计划相比较，措施效果完成度。

工程进度两内容，如实填写不报谎。

工程质量最重要，情况分析措施强。

工程计量与付款，内容一共有四项。[①]

---

① 项目监理机构每月向建设单位提交的建设工程监理工作及建设工程实施情况等分析总结报告。

第三十五章　监理资料

监理资料很重要，整理存档备查考。

施工阶段资料多，二十八种供填报。

施工监理双合同，勘察设计文件要。

监理规划和细则，分包资格报审表。

设计交底图会审，施工方案审报表。

开工复工暂停令，测量核验有资料。

材料构件设备证，工程进度计划表。

检查试验资料全，工程变更有资料。[①]

---

① 监理资料主要分为：开工前资料；质量验收资料；试验资料；材料、产品构配件等合格证资料、施工过程资料、必要时应增补的资料、竣工资料、建筑工程质量监督存档资料。

第三十五章　监理资料

隐蔽工程验收单，计量付款证明要。

监理工程师通知，工作联系单填表。

会议纪要签字全，报验要填申请表。

监理日记天天记，来往函件保存好。

监理月报按时编，七项内容不能少。

处理缺陷与事故，形成文字备查考。

分部单位工程验，全部资料审签好。

索赔文件资料全，竣工结算审核好。

施工阶段质量事，专题评估有报告。

监理工作总结书，实事求是划句号。

二十八种资料全，有据可查不怕找。

方量审核款支付，措施效果是否强。

合同其他事项有，处理文字记情况。

变更延期和索赔，重点记报此三项。

监理工作月小结，三控评价综合况。

意见建议都要写，下月重点要加强。

月报总监组织编，业主监理报双方。

第三十六章　监理工作总结

监理工作应总结，内容一共分六项。

工程概况先介绍，重点突出别太长。

机构人员和设施，组织投入写实况。

监理合同结束后，履行情况介绍详。

工作成效按实写，弄虚作假不能让。

问题处理和建议，按实记录有备志。

工程照片如需要，总结里边可存放。

施工阶段工作毕，监理总结交甲乙。[①]

---

① 监理工作总结主要内容有：工程概况、工程监理机构设置、人员和设备配备、监理内部管理、工程质量监理、合同与计划管理、竣工资料整理、对工程项目的质量评价、经验总结。

第三十七章 监理资料管理

监理资料须整理，真实完整并及时。

分类有序便于查，一目了然不费力。

总监负责专人办，各段归档要及时。

编制保存按规定，日后查证有依据。

监理资料管理好，无形资产有价值。

监理工作看成效，监理资料是证据。[①]

---

① 监理招投标合同文件；工程开工文件；经济技术资料；监理监管资料；监理大纲；监理规划；监理实施细则；监理备忘录；会议纪要；专题报告、月报、周报、日志、监理工作总结；监理工作记录；施工资料；安全监理资料。

图书在版编目（CIP）数据

建筑工程施工与监理常识／王学全著. —北京：
中国建筑工业出版社，2022.4
ISBN 978-7-112-27220-4

Ⅰ.①建… Ⅱ.①王… Ⅲ.①建筑工程－施工监理
Ⅳ.①TU712

中国版本图书馆CIP数据核字（2022）第041997号

责任编辑：仕　帅
责任校对：党　蕾

建筑工程施工与监理常识

王学全　著

*

中国建筑工业出版社出版、发行（北京海淀三里河路9号）
各地新华书店、建筑书店经销
北京锋尚制版有限公司制版
北京富诚彩色印刷有限公司印刷

*

开本：787毫米×960毫米　1/16　印张：18¼　字数：353千字
2022年8月第一版　　2022年8月第一次印刷
定价：**120.00**元
ISBN 978-7-112-27220-4
（39083）